天然橡胶采胶技术与装

天然橡胶全自动采胶装备研究与应用

曹建华　肖苏伟　陈娃容　王玲玲 等　编著

中国农业出版社
北　京

本书的编写和出版得到以下项目和单位的资助：

国家重点研发计划项目“天然橡胶收获技术与装备研发”（2016YFD0701505）

中国热带农业科学院“揭榜挂帅”项目“天然橡胶智能化采收关键技术创新研发”（1630022022005）

国家天然橡胶产业技术体系生产机械化岗位科学家项目（CARS-33-JX1）

中国热带农业科学院橡胶研究所

国家重要热带作物工程技术研究中心机械分中心

编著人员名单

主　　编　曹建华　肖苏伟　陈娃容
王玲玲

副 主 编　黄　敞　吴思浩　张以山
邓祥丰　郑　勇

其他编著者　黎土煜　李希娟　金千里
刘国栋　贾　倩　粟　鑫
邓怡国　王际成

前 言

天然橡胶是重要的国防战略资源和工业原料。经过我国科技工作者的不懈努力，“橡胶树北移栽培技术”打破了世界植胶禁区，使我国在18°N—24°N大面积植胶成功，并赶超世界单产平均水平，构建起了中国特色的天然橡胶科技支撑体系。大面积植胶近70年来，产业种植规模不断扩大，目前已达112.2万hm^2，累计生产天然橡胶2 200多万t，创造产值3 000多亿元，为保障国家战略资源安全、经济社会发展和热带农业产业升级做出了重要贡献。

目前，天然橡胶生产机械化程度极低，特别是采胶环节，技术要求高、劳动强度大，完全依赖手工作业，使得采胶成本占生产成本的70%以上。近年来，国际天然橡胶价格持续低迷，有的植胶企业亏本经营，胶工收入难以维持生计、人员大量外流，产业用工荒问题凸显，导致我国橡胶园弃管、弃割、砍树现象日益严重，影响了国家天然橡胶生产保护区建设。然而，经过40多年的研究，机械采胶装备虽然取得了一定的进展，但仍未能在生产上大面积应用。究其主要原因：一是采胶要求的特殊性、复杂性，机械结构设计未能达到采胶标准要求；二是制造成本高，生产上无法承受。因此，突破采胶机械装备新原理、新结构等关键技术，研发性能优良、结构简便，既能满足采胶生理要求，又能保证质优价廉的全自动采胶装备，是破解产业当前用工荒困境的必然选择，对于推动产业的升级转型、保障天然橡胶产业健康有序发展、维护国防和经济战略安全具有重要意义。

农业机械化领域知名专家罗锡文院士指出，“农业的根本出路在于机械化”。世界各国的经验表明，农业机械化是现代农业建设的重要科技支撑。机械化是产业种植区域转移的关键影响因素，无法大规模实现机械化采收的地区的种植规模将大幅度缩减。当前，随着土地和劳动力成本的不断攀升，天然橡胶产业急需解决好机械化难题，否则种植区域转移可能也无法避免。陈学庚院士指出，“割胶机械化智能化是切断天然橡胶种植业向低收入国家转移的关键技术”。然而，由于天然橡胶采胶生理的特殊性，采胶具有高技术要求，采胶深度和耗皮量需达到毫米级精准控制，堪比橡胶树的“外科手术”。橡胶树为多年生、长周期作物，单株收获，且个体差异大、树干不规则、树皮厚度不均匀，种植环境多为山地丘陵，作业工况复杂多变，导致机械化采胶一直是世界性难题。因此，攻克机械化采胶关键技术难题并实现装备的产业化应用是产业可持续发展的重大需求，也引起了各级政府的高度关注。

本书从全自动采胶技术研究与发展、固定式全自动割胶装备研究、固定式全自动针刺采胶装备研究、地轨移动式全自动针刺采胶机研究、空轨移动式全自动针刺采胶机研究及采胶装备未来发展趋势等方面，系统论述了国内外全自动采胶装备的技术发展现状、研究成果及试验试用情况，为采胶机械化、智能化的研究与应用提供参考。

解决机械化采胶问题，是新时期天然橡胶产业赋予橡胶人的历史使命和义不容辞的责任担当。从2016年开始，我们的研究工作先后获得国家重点研发计划项目、海南省重点研发计划项目、天然橡胶优势产业集群项目、国家天然橡胶产业技术体系、农业农村部科研院所基本业务费项目的支持。在中国热带农业科学院橡胶研究所几十年积累成果的基础上，对采胶技术体系，特别是采胶生理、方式等方面进行了深入研究，基于农艺农机深度融合，提出全自动采胶装备的研发思路与技术路线，围绕天然橡胶树的树皮力学特性、采胶机构创制及其自动化、系统集成等重大科研问题开展全自动采胶技术装备研究。建立有限元分析模型，研究分析基于仿生学的胶乳收获原理及进行与之适应的采收机械新结构设计，突破了机械化采胶精准控制、复杂树干科学仿形、农艺农机深度融合下自动化、智能化采胶模式等核心关键技术难题，(联合）研制了固定式和移动式全自动采胶机、一树一机和一机多树全自动针刺采胶机，并在生产上试验试用，为推动该领域学科、行业技术进步起到了积极的作用，为今后装备的轻简化、经济化、实用化研究与应用指明了方向。本书的编写和出版得到了中国热带农业科学院“揭榜挂帅”项目等的经费资助，在此表示诚挚的谢意。

由于笔者水平有限，书中难免存在不足之处，敬请读者和同行专家提出宝贵意见。

编 者

2022年8月26日

目录

第一章　全自动采胶技术研究与发展

生产上，采胶方式分为切割式和针刺（钻孔）式两大类。因此，采胶装备也分为割胶装备和针刺装备。全自动采胶装备与采胶技术的研发，可借鉴传统割胶技术、便携式割胶装备技术，但在农机农艺融合方面，仍需要继续开展深入研究，探索农机农艺相互融合下的最佳采胶方式，否则装备成本高、价格昂贵，难以在产业上实现规模化应用。

第一节　全自动采胶技术研究进展

在橡胶收获技术研究领域方面，1940 年，美国的 E. W. Brandes、R. D. Rands 与 L. G. Polhamus 开始主导橡胶领域研究（Ernest，1978）。早期，品种、栽培技术、防病技术、收获技术成为研究焦点（Bangham，1947；Rhine，1958），其中收获技术的研究内容主要包括切割方式（以线割为主）、割胶时间、割胶工具等（Harry，1951）。推刀和拉刀为主要割胶工具，如 V 形割胶刀、Gouge 割胶刀、Jebung 割胶刀（Soumya et al.，2016）、Mitchie Golledge 割胶刀（Bhatt et al.，1989）。目前，采胶技术主要有割面割胶技术（技术较成熟，主流技术，下文简称割胶技术）、气刺微割技术（小部分应用）、针式采胶技术（早期试验研究）3 种（汝绍锋等，2018）。

在割胶技术理论研究方面，Jieren Cheng 等（2017）采用熵权法、Delphi 法（德尔菲法）、灰色聚类法等理论研究胶工对割胶技术的掌握程度，Hassan Al 等（2003）研究发现从事割胶工作的时间是胶工掌握割胶技术的决定性因素。其他割胶技术要素主要包括割面、割线长度、割线方向、开槽高度、割胶频次、树位轮换、耗皮量、树龄、割胶效率、刀次顺序、伤树程度、作业强度、橡胶产量和割胶工具等（Chantuma et al.，2011；Li et al.，2018；Giroh et al.，2009；Michels et al.，2012；Anekachai et al.，1989；Vijayakumar et al.，2000；Brian，2003；Ghao et al.，2011）。D. Y. Giroh（2009）利用随机前沿分析法研究发现割胶技术与割胶工具是人工割胶效率的关键影响因素，Thierry Michels 等（2012）建立了不同割胶强度下耗皮总量（由割胶频次与单次割胶耗皮量计算得出）和树龄的割胶决策支持系统，以提高割胶年限。机械割胶工具作用于橡胶树的方式不同于传统割胶刀。吴米等（2018）研究了电动割胶刀的振动力学特征，采用 ADAMS 软件对 4GXJ-1 型电动割胶刀曲柄滑块机构虚拟模型进行了动力学仿真运动分析，郑勇等（2017）研究了 4GXJ-1 型电动割胶刀割胶对橡胶树产胶特性的影响，发现机械割胶方式优于传统割胶方式。

在机械采胶工具研发方面，目前研发探索的机械采胶工具均是割线割胶方式。采胶机械直接决定采胶效率、伤树程度、作业强度和橡胶产量（汝绍锋等，2018）。在新型采胶工具的研发中，融入了超声波振动技术（Suzuki et al.，1994）、自主导航技术（Simon et al.，2010）、传感器技术（Arjun et al.，2016）、图像识别与处理技术（Zhang et al.，2018）、人机工程学技术（Meksawi et al.，2012）等现代机械与信息技术。便携式电动割胶刀（郑勇等，2017）、固定式全自动割胶机（许振昆等，2018）成为新型采胶工具研发的突破口，全自动采胶装备［如割胶机器人（王学雷，2018）］成为机械采胶工具研究的主要方向。

王学雷（2018）提出一种基于实时感知的机器人割胶方式，设计了机器人三自由度末端执行器，构建了一种由两自由度并联机构和四自由度串联机构构成的六自由度混联割胶机器人（图 1-1）。通过布置在机器人末端执行器水平方向和竖直方向的两个接触式传感器对橡胶树割胶深度和耗皮量的实时反馈，实现对割胶痕迹的仿形。仍需进一步开展多传感器融合技术研究，以实现基于多传感器融合技术的橡胶树割胶痕迹的自动化精准识别、自动化精准割胶。

张春龙等（2018）研究了锯切式割胶方式，设计了天然橡胶锯切功耗测量试验台，研究了锯片直径、锯片齿数、切割电机转速、进给速度对锯切式割胶装置切割功耗的影响，各因素对切割功耗影响的主次顺序为锯片齿数、进给速度、切割电机转速、锯片直径（图 1-2）。锯片材料选用硬度和耐磨性较好的钨钢，锯片前角取为 25°，后角取为 15°。

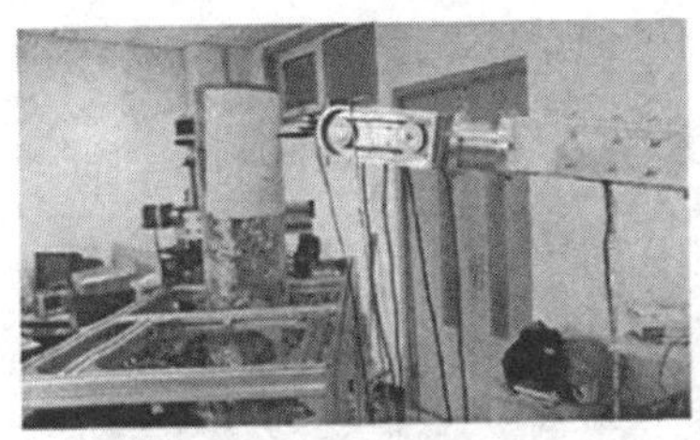

初始位置　　顺时针45° 位置

顺时针90° 位置

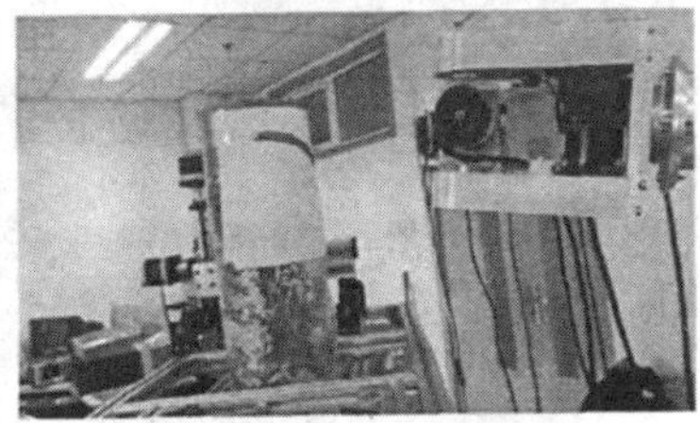

顺时针仿形1/4圆

图 1-1　王学雷的机器人仿形试验

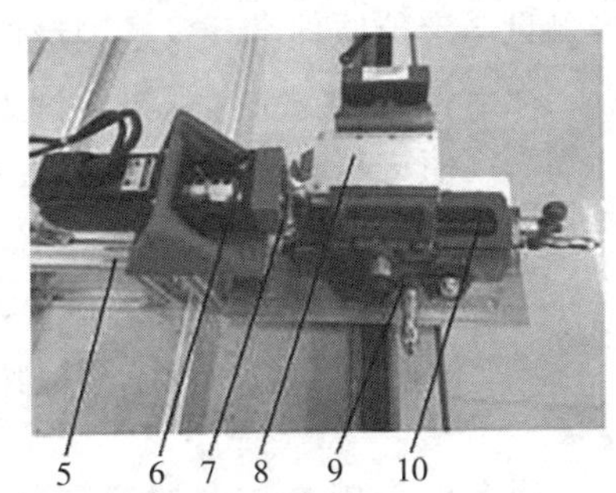

图 1-2　张春龙等研究的锯切式割胶装置

1. 控制器　2. 步进电机　3. 联轴器　4. 锯片　5. 支座　6. 割胶装置　7. 切割试样　8. 夹持装置　9. 滑台　10. 十字平口钳

此外，张春龙等（2019）设计了基于激光测距的三坐标联动割胶装置。该装置由三坐标平台、振动割刀及激光测距传感器组成（图1-3）。工作方式是以人工割线及已割面为参考，通过激光测距实现非接触式橡胶树树干已割面仿形，规划割刀运动路径，通过三坐标联动实现自动化割胶，确保割胶深度与人工割胶一致。

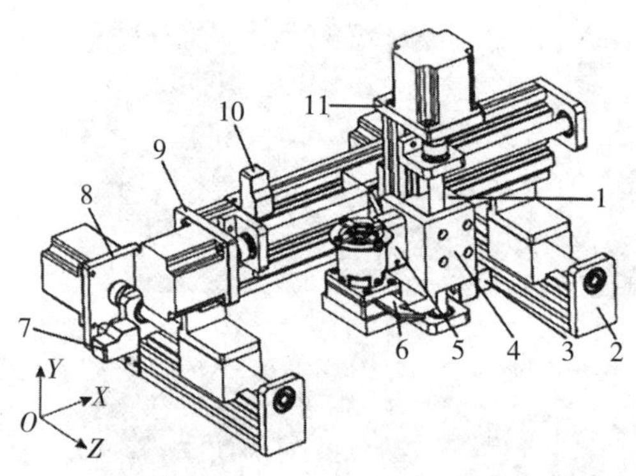

图1-3　张春龙等设计的基于激光测距的三坐标联动割胶装置

1. 丝杠滑块　2. Z_2轴　3. Z轴限位开关　4. 安装板
5. 激光测距传感器　6. 振动割刀　7. Y轴限位开关　8. Z_1轴
9. X轴　10. X轴限位开关　11. Y轴

焦健等（2020）设计了一种智能化割胶试验台，利用超声波传感器测量与定位原理，开发了测量控制系统。割胶过程中切痕均匀无断点，无卡顿现象发生，整机运行流畅；对实际割胶深度值与设备理论切割深度值进行分析，得出深度测量误差率最大为5%。

第二节　全自动采胶系统与技术框架概述

目前，采胶方式主要有两种：切割和针刺（钻孔）。切割方式（生产上通常称为割胶）发展比较成熟，针刺方式是对割胶方式的进一步简化。这里仅对割胶进行介绍。针刺采胶的技术要求等见后文相关章节内容。

一、技术要求

（1）割胶深度毫米级控制。橡胶树树皮从外到里主要包括粗皮、砂皮外层、砂皮内层、黄皮和水囊皮5个层次，其中最里层的水囊皮为禁割区域，一般橡胶树树皮厚度约7mm，水囊皮厚度小于1mm。因此，在割胶深度上，要求能达到毫米级控制，以防伤树。

（2）耗皮厚度毫米级控制。根据传统割胶方式的割胶要求，耗皮厚度一般为1～2mm。在耗皮厚度上，也要求达到毫米级控制，以提高树皮的利用率，确保长期收益。

（3）下刀到位。要求在距离割线起始端0.5cm处下刀够深、整齐，以提高产量。

（4）收刀到位。要求收刀够深、整齐，以提高产量。

（5）能够切断老胶线且不缠刀。一般在开割的橡胶树割面上，会黏附着老胶线。老胶线比较黏、韧性好，且容易缠刀，一般在割胶时，采用手撕老胶线的方式，但这影响割胶效率。要求不撕老胶线就能割胶，且老胶线能被切断而不缠刀，以提高割胶效率。

（6）单株割胶时间以秒计。一般使用传统割胶工具割胶，每株标准树（割线长30cm）平均割胶时间为14～17s（高于17s为不及格，低于14s为优）；使用便携式电动割胶刀割胶，每株标准树平均割胶时间为8～10s。

（7）割胶需求多样化。高低割线、阴刀阳刀割胶是生产的基本需要。

（8）割线平滑。根据传统割胶方式的割胶要求，割面90%以上均匀为优，割面70%以下均匀为不合格。割胶应保证割线平滑均匀，以确保产量，提高树皮利用率。

（9）胶乳清洁。要求割胶过程中不能污染胶乳。

二、全自动采胶系统工作过程

按照割胶整个过程的要求，采用传感器动态测量橡胶树数据，采用机器视觉模块识别橡胶树割面，通过上位监控计算机计算出割线，采用下位割胶终端控制器割胶。全自动采胶过程（割胶）如图1-4

所示。

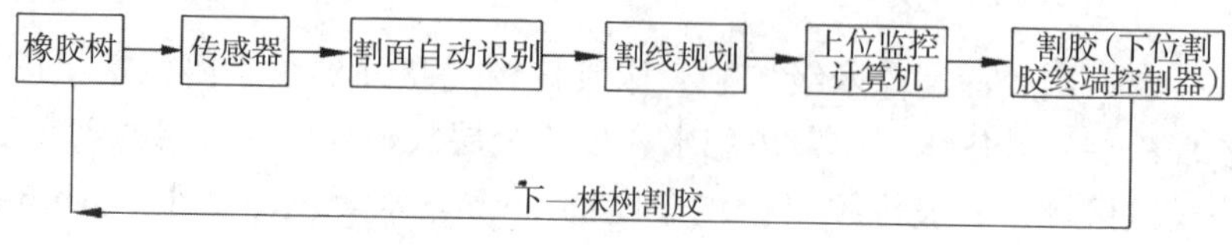

图 1-4 全自动采胶过程（割胶）

三、下位割胶终端控制器硬件设计

下位割胶终端控制器硬件主要包括智能控制芯片、A/D 转换电路（模数转换电路）、光电耦合电路、放大驱动电路、故障报警电路、时钟电路、人机接口电路、供电模块、无线通信模块、传感器等。下位割胶终端控制器接收上位监控计算机的输出指令后，进行橡胶树割面数据探测、存储与传输，执行割胶指令，完成割胶动作，在执行指令的过程中若出现故障，将进行实时报警提醒。下位割胶终端控制器硬件组成框图如图 1-5 所示。

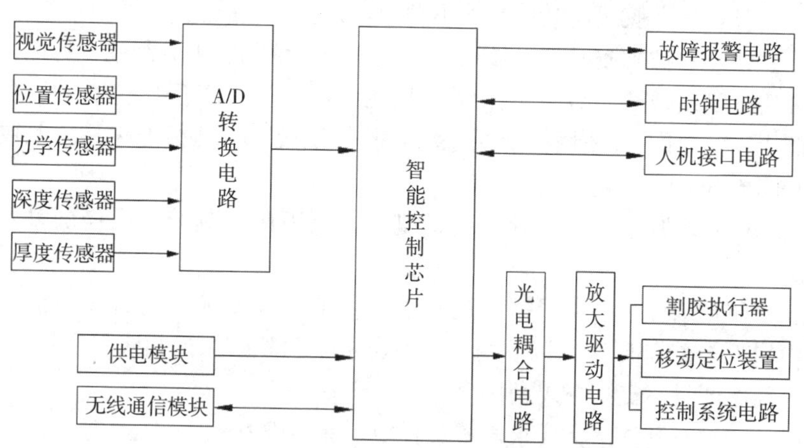

图 1-5 下位割胶终端控制器硬件组成框图

四、全自动采胶系统软件主要组成模块及功能

全自动采胶系统软件主要组成模块框图（割胶）如图 1-6 所示。全自动采胶系统软件主要由数据采集控制、割胶参数设置、数

据库、登录管理 4 个功能模块组成。其中，数据采集控制模块主要包括数据采集种类、数据采集方式、数据采集频率、异常数据预警等内容；割胶参数设置模块主要包括橡胶园环境参数、橡胶树割面参数、割胶深度参数、树皮厚度参数、树皮切割力参数等内容；数据库模块主要包括数据采集、数据存储、数据传输、数据显示、数据查询等内容；登录管理模块主要包括用户信息设置、用户登录与修改等内容。

全自动采胶系统软件设计的 4 个功能模块，借助人机友好交互界面，对数据库和割胶模型进行操作，实施全自动采胶相关数据采集的功能。该系统软件具有割胶实时数据监测与显示、割胶历史数据查询与分析、故障报警、远程割胶作业指导等功能。用户登录系统后，可以选择数据采集的种类、方式、频率等，可以根据生产实际需求设置割胶参数，可以访问数据库里的实时数据和历史数据。该系统软件的设计与对应的硬件互相配合，以实现全自动采胶。

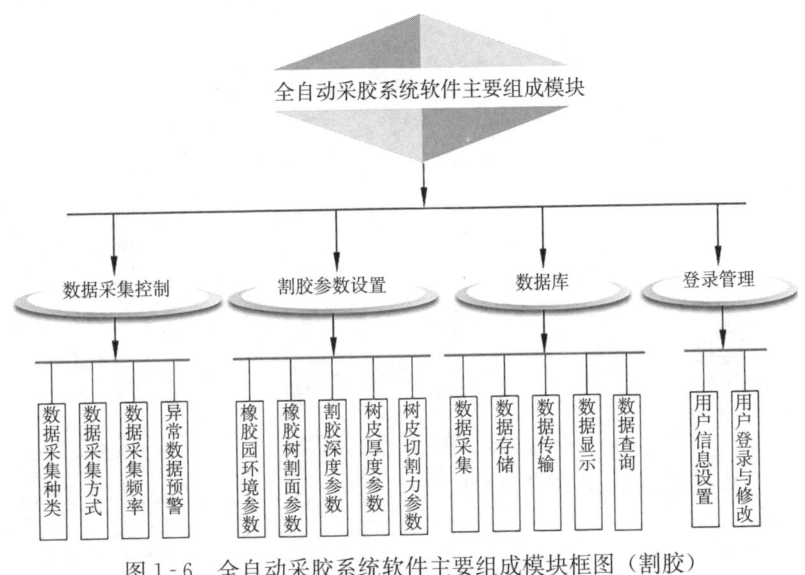

图 1-6　全自动采胶系统软件主要组成模块框图（割胶）

本章小结

与人工割胶刀相比，全自动采胶装备需具备的功能包括：对复杂树干进行切割仿形，能够根据树干外形和树皮厚度进行相应尺寸调整，能够对采胶过程进行精准定位和控制，并提供切割动力。因此，全自动采胶装备结构复杂程度远远高于人工割胶刀，其技术难度极大。同时，还要兼顾装备的加工制造工艺及制造和维护成本，需要深度研究采胶农机，大胆创新采胶方式，力求装备最简化和高度集成化，这也是研发应用采胶机械成为世界性难题的主要原因。

第二章　固定式全自动割胶装备研究

第一节　固定式全自动割胶装备研究进展

便携式电动采胶机（电动割胶刀、电动针采机），体积小巧，单位面积使用和维护成本低廉，唯一不足之处是仍需人工辅助操作。因此，可完全替代人工的全自动割胶机研发成了人们关注的热点。该类装备，采用自动控制与信息感知融合技术，通过手机App（手机软件）或远程通信实现自动割胶，根据其作业形式分为固定式（一树一机）和移动式（一机多树）两种。

一、国外研究进展

马来西亚橡胶局（2008）研制了一种固定式全自动智能割胶机。该机由割胶机械动力、刀头、导轨与芯片程序控制四部分组成。如图2-1所示，用固定架和导轨将机器架在树上，刀具倾角可调，可完全替代人工，实现了快速、精准割胶。机器采用PLC编程控制，太阳能供电。后期，经过不断改进，形成了系统集成化、自动化程度更高的ARTS割胶系统。

印度的Abhilash等（2019）研发的固定式全自动割胶机，主要由半圆形导轨、齿条、立铣刀、螺杆、直流电机、压力传感器、T形支架、导轨支架等组成，是融合了微控制器、传感器和其他电子设备技术的智能割胶机器（图2-2）。该装备能够沿着之前切割的螺旋路径前进，实现精确切割。树干大小和形状不同并不妨碍该设备的割胶操作。且装备切割时间很短，每株约 12s，而熟练工人割胶至少需要 15s。主要缺点是机器质量较大，约 50kg。用铝合金代替低碳钢有望解决这一问题。

(a)

(b)

图 2-1 马来西亚橡胶局研制的全自动割胶机

(a) 机器安装 (b) 自动割胶系统

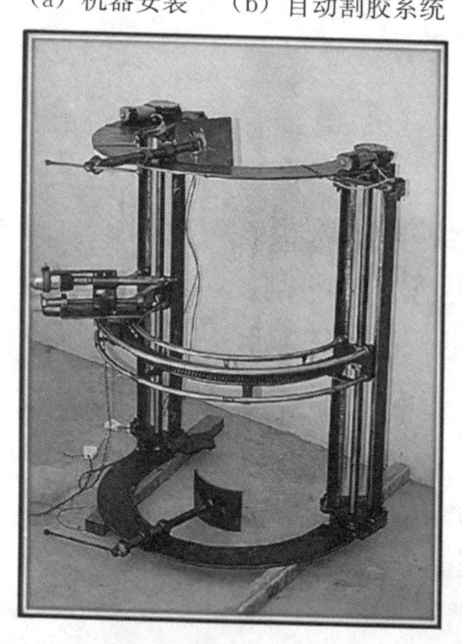

图 2-2 印度 Abhilash 等研发的固定式全自动割胶机

二、国内研究进展

许振昆（2015）推出了一款由他设计的固定式全自动割胶机，并在之后几年中不断对之进行完善，如图 2-3 所示。从开始的对机械自动化、限位、表面仿形及轨道控制不断进行完善，到最后实现无需人工操作、可控割胶深度及较为精确的轨道控制等功能。初期，其整体机构复杂，体积大而重。后经逐代改进，结构越来越简单，割胶效果也日益提高，于 2021 年推出了正式的中试产品［图 2-3（d）］。

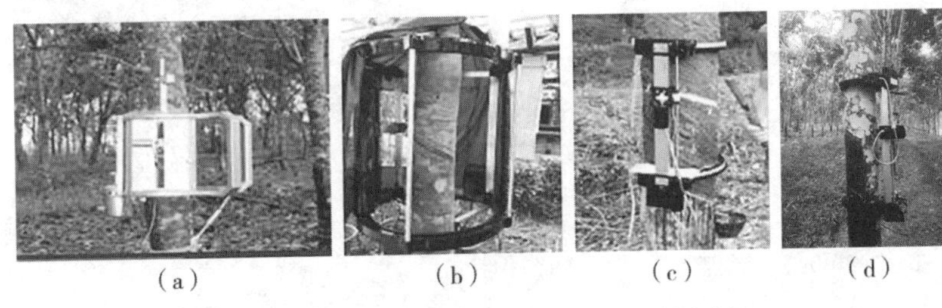

(a)　(b)　(c)　(d)

图 2-3　许振昆研发的固定式全自动割胶机

（a）第一代　（b）第五代　（c）第六代　（d）中试产品

吴思浩等（2018）基于长流胶机理，结合农艺刺激排胶技术和自动控制技术，研发设计了一种自动排胶装置（图 2-4），使钻孔取胶实现了自动化，为实现连续采胶、大幅降低装备成本探索了一种新思路。

中国热带农业科学院研发团队（2018）研发了自带动力切割的固定式全自动割胶机（图 2-5），改进了前人设计的割胶机切割刀片对割胶处的摩擦、挤压导致的减产与胶乳外流现象。

邓怡国等（2019）设计了具有双刀刃结构的割胶设备。该设备主要由外框架、垂直升降进给装置、螺旋割胶装置、太阳能板、收胶桶等组成（图 2-6）。该割胶设备可以完全模仿人工割胶的动作，实现全自动化割胶，以实现替代人工割胶的目的，可以提高割胶效率和割胶质量。

郑勇等（2019）在前人研究基础上对固定式全自动割胶设备进行了简化改进，设计了一种斜轨式全自动割胶机（图 2-7），将割胶的三维运动简化为二维运动。该机主要由防护罩、扎带、电机、第一电磁铁、驱动臂、传动杆、导轨等组成，简化了结构和控制程序。通过电机驱动，自动割胶刀沿着导轨运动，实现自动割胶。

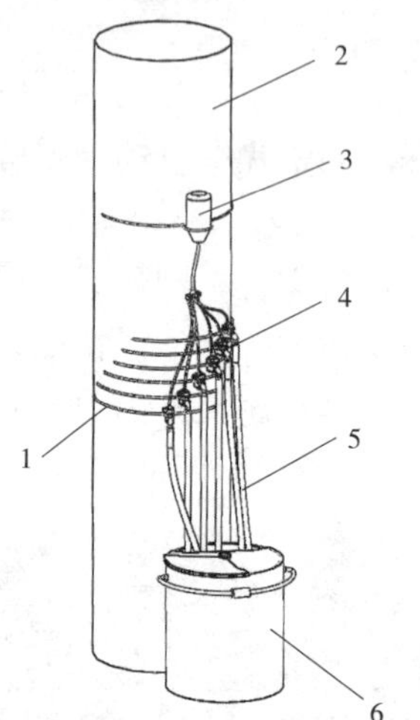

图 2-4 吴思浩等发明的自动排胶装置
1. 绕树固定环 2. 橡胶树 3. 试剂瓶
4. 排胶单元 5. 集胶管 6. 收胶桶

图 2-5 中国热带农业科学院研发的固定式全自动割胶机样机

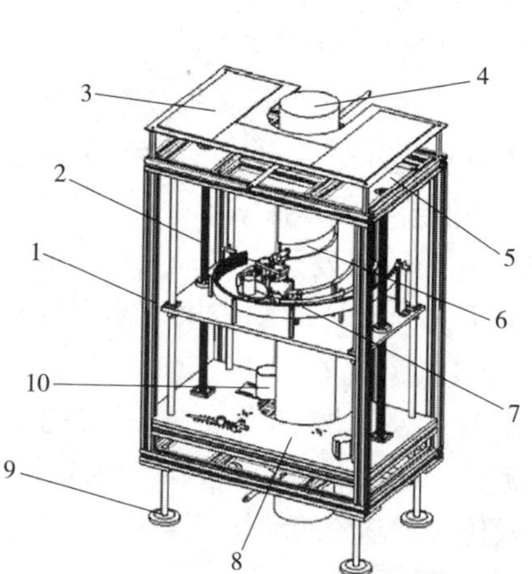

图 2-6 具有双刀刃结构的割胶设备
1. 外框架 2. 垂直升降进给装置
3. 太阳能板及控制系统 4. 橡胶树树干
5. 上固定板 6. 人工预挖槽面
7. 螺旋割胶装置 8. 下固定板
9. 地脚 10. 收胶桶

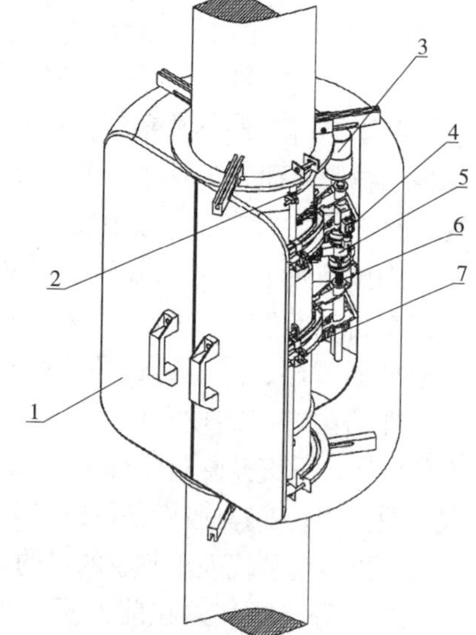

图 2-7 斜轨式全自动割胶机
1. 防护罩 2. 扎带 3. 电机
4. 第一电磁铁 5. 驱动臂
6. 传动杆 7. 导轨

汝绍锋等（2019）设计了轨道式割胶机，如图 2-8 所示。该机主要由执行刀具、载行紧固架和纵向行程机构三部分组成。其中，执行刀具能够根据割胶农艺要求自动调整刀头角度和割胶深度，且能按照预设的轨道进行自动割胶作业。

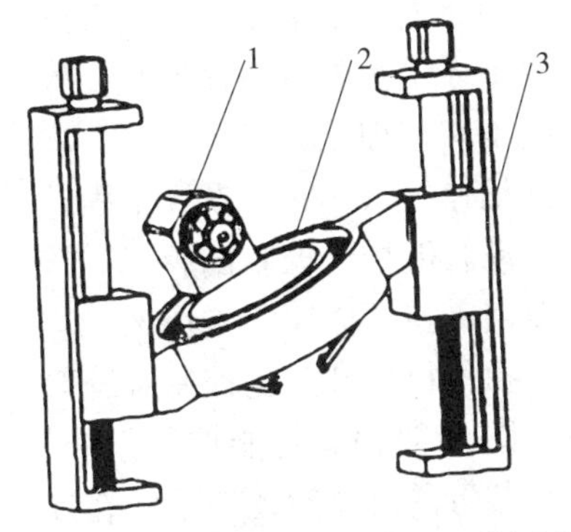

图 2-8 汝绍锋等设计的轨道式割胶机
1. 执行刀具 2. 载行紧固架 3. 纵向行程机构

罗庆生等（2020）研究了便携式自动割胶机器人，如图 2-9 所示。该机器人主要由切割深度控制机构、切割轨迹机构以及自适应径围抱紧机构组成。自适应径围抱紧机构主要由定位螺钉、圆弧轨道、圆弧齿条、支撑杆组成。机器人在割胶过程中具有良好的平顺性与稳定性，且实际切割与理论切割轨迹的误差在 0.5mm 以内。

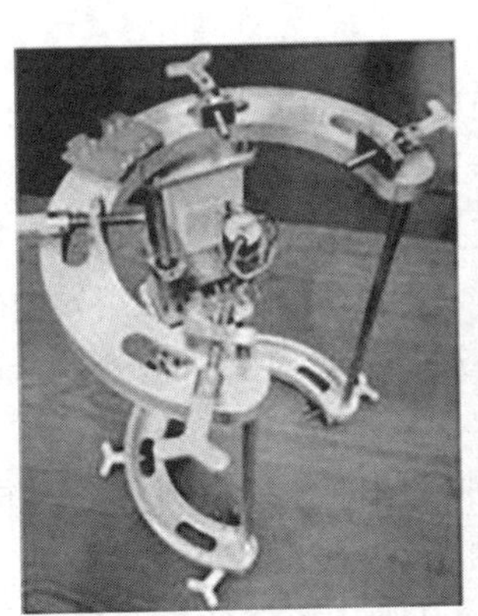
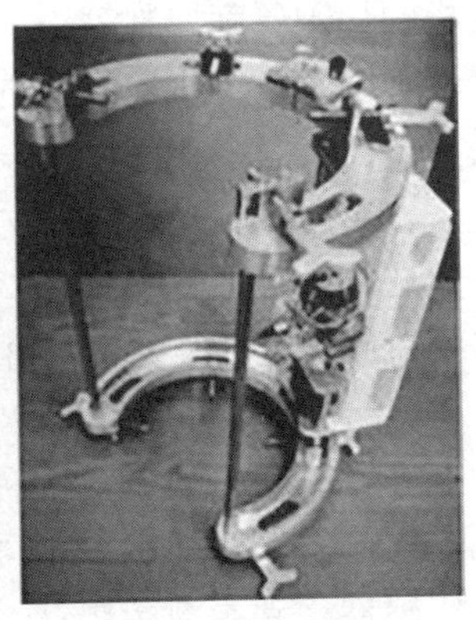

图 2-9 便携式自动割胶机器人

许振昆等（2020）设计了一种由支撑钢管、螺旋导轨、电机、刀架等组成的割胶机（图 2-10）。该装备借助夹持机构固定在橡胶树上，利用切割轨迹控制机构使切割轨迹呈螺线形，借助丝杠螺母实现换行切割，利用切割深度调节机构适当调节切割深度，能够替代人

工，实现无人自动割胶，最大限度地解决了人工割胶劳动强度大、人工割胶不够精细化的问题。

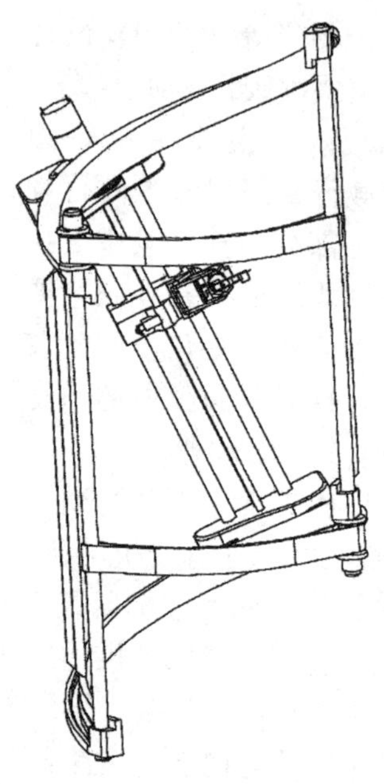
图 2 - 10　许振昆等设计的割胶机

汪雄伟等（2020）设计了固定式全自动智能控制橡胶割胶机。该机主要由夹持紧固座、支撑架、连接杆、执行机构和智能控制系统等组成（图 2 - 11）。智能控制系统，将执行装置的圆周运动与固定在连接座板上的割胶刀和刀架机构等部件的上下直线运动按一定的运动关系匹配，实现割胶刀在橡胶树上的螺旋线运动，自下向上实现割胶作业。该装备实现了基于超声波的割面信息采集与定位、基于 PID（闭环控制）算法的切割深度控制、基于步进电机的切割厚度控制等。

张喜瑞等（2021）研发的异向曲柄自动夹紧定心割胶机，主要由垫块、夹持板、夹紧套、弯板、步进电机、从动齿轮、传动齿轮、安装板、直板、导向座、支撑板、支撑棒、盖板、齿轮架、联轴器、丝杠导板、丝杠、光轴等组成（图 2 - 12）。该割胶机采用异向曲柄夹紧装置对橡胶树进行定心及夹紧，再通过刀具夹持机构的复合运动实现割胶。

高可可等（2021）研究出一种采用高分子材料加工制成的固定式割胶机器人（图 2 - 13）。该机器人主要由轨道齿圈、传动齿轮、深度限位传感器、超声波传感器、刀架、滚珠丝杠、传动轴、U 形支撑架、齿圈架、固定脚座、圆周限位传感器、夹持固定架、支撑杆等组成。采用先扫描后切割的割胶控制方式，先用超声波传感器预先扫描树围，再用 PID 控制算法控制刀具进给量。整机质量为 33kg。相比于传统人工割胶，割胶效率提高 63%，可实现循环、快速、精准割胶。

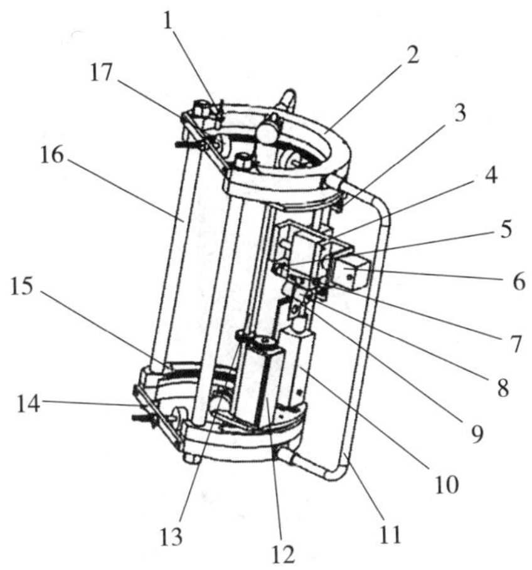

图 2-11　汪雄伟等设计的固定式全自动智能控制橡胶割胶机

1. 限位传感器　2. 齿圈固定座板　3. 光电传感器　4. 连接座板　5. 割胶刀　6. 带丝杠的进给驱动装置　7. 刀架机构　8. 测距传感器　9. 丝杠　10. 纵向驱动装置　11. U形支撑架　12. 带齿轮的圆周驱动装置　13. 带齿轮的连接杆　14. 封边板　15. 带轨道槽齿圈　16. 不带齿轮的固定连接杆　17. 夹持紧固座

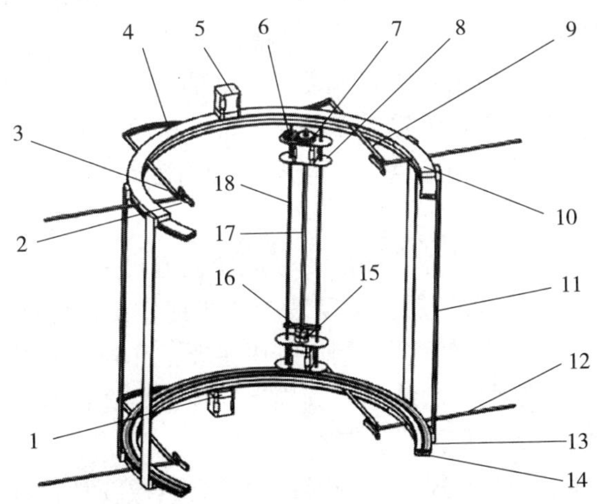

图 2-12　张喜瑞等设计的割胶机

1. 垫块　2. 夹持板　3. 夹紧套　4. 弯板　5. 步进电机　6. 从动齿轮　7. 传动齿轮　8. 安装板　9. 直板　10. 导向座　11. 支撑板　12. 支撑棒　13. 盖板　14. 齿轮架　15. 联轴器　16. 丝杠导板　17. 丝杠　18. 光轴

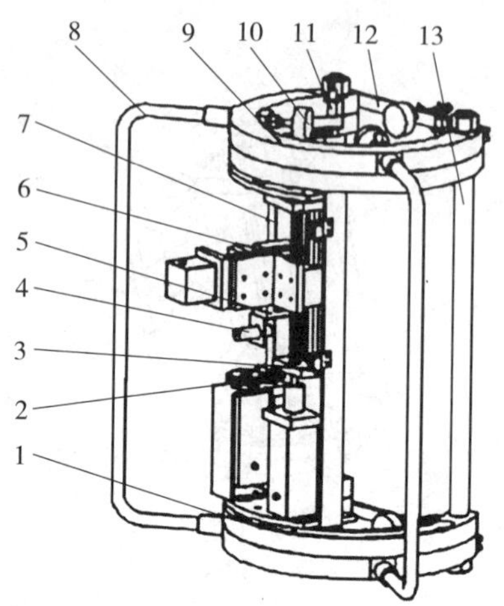

图 2-13　高可可等设计的固定式割胶机器人

1. 轨道齿圈　2. 传动齿轮　3. 深度限位传感器　4. 超声波传感器　5. 刀架　6. 滚珠丝杠　7. 传动轴　8. U 形支撑架　9. 齿圈架　10. 固定脚座　11. 圆周限位传感器　12. 夹持固定架　13. 支撑杆

高锋等（2022）设计了一种具有三自由度的新型固定式割胶机。该机主要由固定结构、圆弧轨道、割胶工作模块等组成（图 2-14）。特点是具有三个自由度，可实现复杂空间曲线运动，能满足不同切割深度、割线斜度，以及多输入多输出、非线性和位置时变等。装备各关节的位置、速度、加速度、转矩和驱动力随时间呈平滑曲线变化，可实现轨迹预测。

宁彤等（2022）设计了固定复合运动轨道式割胶机。机器质量为 6kg，主要由固定装置、复合运动装置、切割装置等组成（图 2-15）。可利用刀头调节装置对整个切割过程中主要的作业技术参数实施精准调节，通过纵向运动控制装置和圆周运动控制装置控制切割刀具的起止及复合螺旋运动，从而进行割胶。

张喜瑞等（2022）设计了仿形进阶式天然橡胶割胶机。该机主要由可调式捆绑机构、割胶执行机构、割胶传动机构等组成（图 2-16）。可调式捆绑机构由同步带、楔块及棘轮金属捆绑带等组成；割胶执行机构由直流推杆、末端执行器、锥齿轮、收刀曲柄、角度调节板等组成；割胶传动机构由丝杠、圆柱齿轮、减速步进电机等组成；

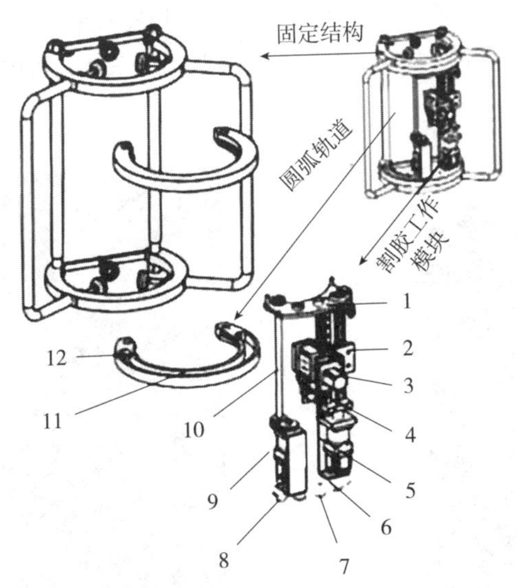

图 2-14 高锋等设计的割胶机

1. 上顶板 2. L形板 3、5. 丝杠传动模块 4. 胶刀模块 6. 下底板 7. 滚轮（上下） 8. 传动齿轮 9. 传动齿轮组 10. 运动转轴 11. “凹”字形轨道 12. 内齿圈

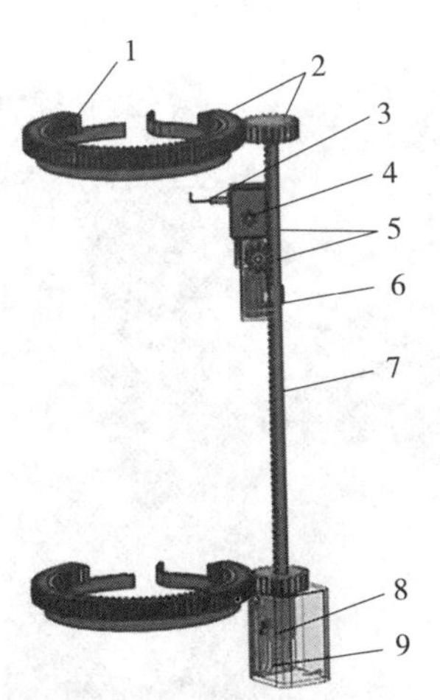

图 2-15 宁彤等设计的固定复合运动轨道式割胶机

1. 固定装置 2. 圆周运动装置 3. 刀具 4. 刀头调节装置 5. 纵向运动装置 6. 纵向运动控制装置 7. 滑轨 8. 圆周运动控制装置 9. 总控制装置

驱动控制模块采用 ARDUINO UNO R3 开发板和多款电机驱动模块搭建。割胶运动机构通过驱动控制模块控制各个电机的顺序动作，以完成割胶运动。

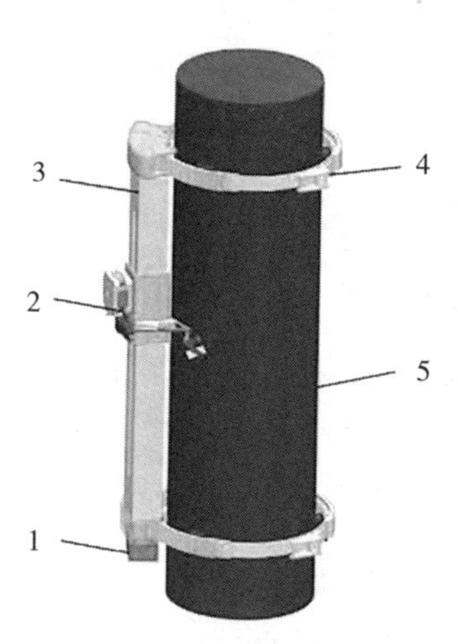

图 2-16　张喜瑞等设计的仿形进阶式天然橡胶割胶机

1. 割胶传动机构　2. 割胶执行机构　3. 滑块支架　4. 可调式捆绑机构　5. 橡胶树模型

2022 年，江苏惠民交通设备有限公司推出了一款采用太阳能供电的固定式全自动割胶机产品，主体结构由切割器、水平环形轨道、螺旋丝杆、自动控制模块等组成，目前已在生产上试验试用。该款割胶机如图 2-17 所示。

图 2-17　江苏惠民交通设备有限公司研制的割胶机

总体来看，近年来国内外固定式全自动割胶机研究进展较快，打通了技术路线，试制了装备，推进了该领域科技的进步。但其割胶方式几乎都是基于传统人工割胶方式来实现，虽然在装备结构上设计有所不同，但其本质都是实现三维螺旋曲线运行轨迹。目前，固定式全自动割胶机，主要存在以下不足：一是由于天然橡胶树的树干并非理想圆柱形，同一株树树皮厚度亦不均匀，而该类装备基本都采用树皮表面仿形切割，不符合橡胶树生物学特性，导致切割深度难以达到生产技术要求，引起伤树或减产问题；二是树皮消耗量过大，超过现行生产技术标准要求；三是装备制造成本和维护成本较高，产业比较效益不高，导致产业化大面积应用较困难；四是在高温高湿的热带雨林中，装备的稳定性、可靠性、耐用性尚未经过长时间生产检验。基于上述原因，固定式全自动割胶机要在生产上大面积应用，仍需在装备性能改进、降低成本上下功夫。

三、装备科学价值

（一）解决的关键技术难题

1. 割胶三维螺旋运行轨迹实现　采用步进电机＋丝杠＋环形齿轨＋自动控制，控制切割器在割胶圆弧面上的自由位移，实现了割胶三维螺旋运行和全自动割胶。

2. 橡胶树树干的仿形切割　一类是采用超声波传感器对割面和已割标准割线进行扫描，并将获得的割面和割线信息进行存储，由控制程序带动步进电机驱动切割模块进行螺旋线运动，实现对复杂外形树干的仿形切割，提升了装备的广适性。另一类是采用机械结构进行表面仿形，即通过一个具有一定圆弧度的柔性结构贴全橡胶树树干表面进行仿形。通过调节仿形机构与刀片之间的距离，实现对割胶深度的控制，进而实现对橡胶树树干的仿形切割。

3. 割胶深度和耗皮厚度的精准控制　基于超声波传感器的精准割面信息采集与定位，通过进给方向步进电机控制切割模块的进给深度，结合控制程序的PID算法对切割深度进行控制，实现割刀对橡胶树树皮的割胶深度精准控制；根据生产要求设定耗皮量标准阈值，由步进电机和丝杠协同驱动切割模块按照预设的竖直方向位移阈值下移，结合自控程序的PID算法，实现仿形机构对耗皮厚度的精准控制。

（二）技术创新性

（1）基于超声波传感器的割面信息采集与定位，实现对复杂外形树干的仿形切割。

（2）基于超声波传感器的割面信息采集与定位，结合PID算法实现对割胶深度和耗皮厚度的精准控制。

第二节 固定式全自动割胶装备试验试用

经过多年的研究，固定式全自动割胶装备突破了一系列关键技术难题，打通了技术路线，试制了样机并在生产上试验试用，有力地推动了学科进步和行业发展。但要在生产上大面积应用尚需时日，究其主要原因：一是采胶要求具有特殊性、复杂性，机械结构设计未能达到采胶标准要求；二是制造成本高，生产上无法承受。突破采胶机械装备新原理、新结构等关键技术，研发性能优良、结构简便，既能满足采胶生理要求，又质优价廉的采胶机械装备，是破解产业当前用工荒困境的必然选择，对推动产业的升级转型、保障天然橡胶产业健康有序发展、维护国防和经济安全具有重要意义。

一、装备概述

目前，在生产上试验试用的固定式全自动割胶机，采用树干表面仿形技术切割，单株割胶时间＜40s，耗皮厚度在1.3～1.8mm，割胶深度在2.0～4.0mm，切割螺旋升角为25°～30°。通过锂电池或太阳能电池供电，具备手机App远程控制和自主割胶功能。割胶长度采用人工割胶的1/2树围方式、常规乙烯利刺激技术。主要技术参数如表2-1所示。

表2-1 主要技术参数

项目	技术参数
供电方式	锂电池或太阳能电池
电压（V）	12
耗皮厚度（mm）	1.3～1.8
割胶深度（mm）	2.0～4.0
割胶效率（s/株）	＜40

（续）

项目	技术参数
切割螺旋升角（°）	25～30
平均运行速度（mm/s）	8～10
切割行程	1/2 树围
功能	App 远程控制和自主割胶

二、工作原理

固定式全自动割胶机是一款固定在橡胶树上的割胶机。工作时，由智能控制系统发出信号，驱动带齿轮的圆周驱动装置运转，带动带齿轮的连接杆运转，带齿轮的连接杆在带轨道槽齿圈的配合运动下驱动执行装置做圆周运动；智能控制系统发出信号，驱动带丝杠的纵向驱动装置运转，带动固定在纵向运动滑块上的连接座板、进给驱动装置（带丝杠）、测距传感器、割胶刀和刀架机构实现上下直线运动；智能控制系统根据测距传感器反馈的信息，发出信号，驱动带丝杠的进给驱动装置运转，带动固定在进给运动滑块上的刀架机构、割胶刀和测距传感器做直线运动，实现割胶刀的进给运动，调节控制割胶深度，满足橡胶树割皮要求，使胶乳流出；通过智能控制系统设计的程序，将执行装置的圆周运动与固定在纵向驱动装置连接座板上的割胶刀和刀架机构等部件的上下直线运动，按一定的运动关系进行匹配，实现割胶刀在橡胶树上的螺旋线运动轨迹，自下向上割皮，便于胶乳流动。执行装置运动到设计需要的割皮位置时，由限位传感器采集信号并反馈给智能控制系统，由智能控制系统发出信号，驱动带丝杠的进给驱动装置反向运转，以带动刀架机构、割胶刀进行退刀，直到设定的位置，然后智能控制系统发出信号驱动带齿轮的圆周驱动装置和带丝杠的纵向驱动装置反向运转，驱动执行装置回到起始位置，一个割皮工作循环完成。下一次割皮工作开始时，智能控制系统发出信号，驱动带丝杠的纵向驱动装置运转，带动纵向运动滑块向下移动直至设定的距离，然后再重复一个割皮工作循环，完成又一次的割皮工作。

三、割胶试验

（一）4GGJ-20 型固定式全自动割胶机

汪雄伟、耿贵胜等（2020）设计了 4GGJ-20 型固定式全自动割胶机（图 2-18）。通过可调节三点夹持机构将割胶机主机支架固定安装于橡胶树上，调节该夹持机构有助于装备运行机构相对树干保持对中，减少机构圆周运动时的运行偏差。由电机提供动力，齿轮与绕树圆弧形齿条啮合传动，实现切割刀座的周向运动，并利用安装在螺杆上的滑台机构实现切割刀座的纵向运动。通过不同齿轮齿条传动比下的周向运动及螺杆直线传动速度组合实现预定的切割刀座螺旋轨迹运动。采用测距传感器监测到的信息控制螺杆的运转以调节切割刀片进给量，实现切割深度的智能调控。

图 2-18　4GGJ-20 型固定式全自动割胶机

2019 年 6 月，4GGJ-20 型固定式全自动割胶机在海南儋州中国热带农业科学院试验场橡胶园种植基地进行了大田试验。选取树围直径在 160～200mm 的橡胶树作为试验对象。装备固定安装于橡胶树距地面 1 000～1 500mm 处的树干上，以割胶深度、切割螺旋升角、切割时间、割刀角度为变量因子进行测试。切割试验选取阳刀割线，采用从低位向高位、从右往左的方向进行切割。选取固定因子：割胶耗皮厚度固定为 1.2mm；割线长度为 S/4（S 为树围长度）。设定可变因子：割胶深度分别为 3、4、5、6mm；切割时间分别为 16、20、25、30s；切割螺旋升角分别为 25°、27°、28°、30°；割刀角度分别为 75°、80°和 85°。通过正交试验，测试不同设定参数下装备的割胶效果。结果显示如下。①割胶深度在≤3mm 的情况下，由于只切割了部分砂皮层，无胶乳流出；3～5mm 的情况下，由于切割了大部分砂皮，开始流出少量胶乳；5～6mm 的情况下，由于切割深至黄皮层，割线大部分位置开始正常流胶；≥6mm 的情况下，伤树现象较严重。②切割时间的改变对割线表面平顺度有明显的影响。切割时间越短，割线表面平顺度越高，但设备振动加大，设备稳定性降低。③切割螺旋升角为 25°～27°的情况下，割线上胶乳无外溢现象；27°～28°的情况下，部分割线有胶乳外溢现象；≥28°的情况下，割线胶乳外溢现象严重。④割刀角度对割线胶乳外溢情况同样存在影响。试验表明，割刀角度越小，割线胶乳外溢的概率越小。

（二）一种仿形进阶式天然橡胶割胶机

海南大学的张喜瑞等（2022）设计了一种仿形进阶式天然橡胶割胶机（图 2-19）。通过分析现有固定式割胶机的结构特点，进行割胶轨迹方程计算、切割受力分析等，重点对割胶传动和切割等关键部件进行优化设计。该装备利用以 ARDUINO UNO R3 开发板为中心的控制模块进行丝杆滑台位移量控制，设定割胶耗皮厚度，并采用机械仿形控制割胶深度，能够在一定程度上节省机器制作成本。

图 2-19　一种仿形进阶式天然橡胶割胶机

2021 年，割胶机在海南大学天然橡胶实验基地进行了割胶作业试验。随机选择 20 株树龄及树围不相同的橡胶树，并在每株树上进行 5 组试验，重点针对装备的割胶质量及续航性能进行测试。根据前期预试验效果，取前 5min 排胶量及 5 次割胶试验平均耗电量（以下简称平均耗电量）为试验衡量指标，选取电机转速、切割螺旋升角、拉簧预紧力为试验因素，设定电机转速分别为 17、21、25r/min，切割螺旋升角分别为 20°、25°、30°，拉簧预紧力分别为 15、20、25N，设计三因素三水平试验。试验结果显示，电机转速对前 5min 排胶量影响最大，切割螺旋升角、拉簧预紧力次之；切割螺旋升角对平均耗电量影响最大，电机转速及拉簧预紧力次之。对试验结果进行了回归拟合分析，得出了各因素交互影响响应曲面图。结果显示：①切割螺旋升角与前 5min 排胶量成正比，切割螺旋升角越大，胶乳所受下滑分力越大，前 5min 排胶量越多，而减小切割螺旋升角，胶乳所受下滑分力减小，排胶量减小；②切割螺旋升角与平均耗电量成正比，当切割螺旋升角加大时，割胶轨迹随之变长，平均耗电量增加，同理切割螺旋升角减小时，平均耗电量因割胶轨迹缩短而减少；③电机转速与平均耗电量成反比。通过分析可知，割胶机最佳参数组合为电机转速 21r/min、切割螺旋升角 25°，此时排胶量及平均耗电量均为较理想结果。

（三）基于激光测距的三坐标联动割胶装备

中国农业大学的张春龙等（2019）设计了一台基于激光测距的三坐标联动割胶装备，如图 2-20 所示。该装备主要由三坐标平台、振动割刀及激光测距传感器等组成。通过激光测距传感器对人工割线及已割面进行割胶深度、割线空间曲线路径等参数的非接触式测量，规划切割轨迹路线以实现对树干已割面的仿形，随后通过三坐标平台带动振动割刀以往复切割形式按预定路径进行橡胶树树皮切割作业。

图 2-20　基于激光测距的三坐标联动割胶装备

1. 控制系统　2. 割胶装置　3. 橡胶树　4. 电源

为测试该装备的割胶效果，在高度为 1 450mm、截面直径为 170mm、树干面为原生皮的橡胶木桩上进行了试验。试验装备的单轴直线模组定位精度在 0.05mm，激光测距传感器测量精度在

0.07mm。试验前先用传统人力割胶刀开出一条倾角为25°的阳刀割线，随后进行切割轨迹路径规划，其中割胶运动在 X 方向上的目标路径长度设定为80mm，设定17个深度测量点，耗皮量设定为1.0mm。连续进行15次割胶操作。每5次切割操作后，应用割胶专业测深尺沿割线方向每隔1cm测取割胶深度及耗皮厚度并进行记录。试验结果显示，所测取的8个割胶深度点位中，前6个点位的割胶深度基本与人工割胶深度保持一致，后2个点位的割胶深度略大于人工割胶深度，总体而言，割胶深度控制良好；15次割胶操作的平均耗皮量为0.95mm，耗皮量控制误差为5%。

(四) 固定式割胶机器人

北京信息科技大学的高可可等（2021）设计了一种采用高分子材料制作的固定式割胶机器人（图2-21）。装备由轨道齿圈、进刀方向电机、传动轴及U形支撑架等组成。割胶机支撑结构由高分子材料制作，整机质量为33kg，采用三点定位方式，可固定安装在橡胶树树干上。通过超声波传感器进行树干轮廓扫描，测算刀具与割面的距

图2-21 固定式割胶机器人

(a) 割胶装置 (b) 控制柜

1. 轨道齿圈 2. 进刀方向电机 3. 传动轴 4. U形支撑架
5. 圆周方向电机 6. 触摸屏 7. 电气柜

离，规划切割路径轨迹。

2019 年 7 月和 12 月，装备在海南省儋州市某一橡胶园进行了割胶测试试验。作为试验对象的橡胶树，树围为 530～630mm，切割位置离地 1 000mm，选取切割螺旋升角（25°～30°）、切割时间（20～30s）、切割深度（4～6mm）3 个因素设计多组试验。试验期间，采用 24V 锂电池对割胶机进行供电，电能续航可满足 2d 割 1 刀运行电量要求，传动动力由步距角为 1.8°的两相八线步进电机提供，并由全数字两相步进电机驱动器控制。对割胶伤树情况、胶乳外流现象及割胶深度进行观测及记录。试验结果显示，当割胶深度在 6mm 以上时容易出现伤树现象，装备切割螺旋升角为 25°～30°时无胶乳外流现象，切割时间对割胶效果无影响。以树围为 565mm 的橡胶树试验为例，切割螺旋升角为 25°、割胶深度为 5.5mm 时，单次切割耗时约 22s，割胶效果较为理想。装备切割平均耗皮约 1.1mm，符合生产规程要求。在树皮切割过程中发现，切割刀片的进刀与退刀过程不仅对电池电量损耗较大，且容易加剧刀片磨损，降低割胶效率。经过多次试验，采用刀尖切割树皮的深度控制在 5.2～5.8mm 时，可减少电池及电机功率损耗，提高割胶效率。

（五）固定式全自动智能割胶机

宁波中创瀚维科技有限公司许振昆等（2018；2020）研发了一款固定式全自动智能割胶机（图 2－22）。割胶机整机质量为 2.3kg，由上端及下端可变形导轨、上端及下端车载架、纵向导轨、丝杆、方型传动轴、驱动马达、刀架总成等部件组成。割胶机采用松紧箍分别将上端及下端可变形导轨固定安装于橡胶树树干上。上端及下端可变形导轨内壁设计有凸爪结构，可增强割胶机固定安装时的树干表面抓力，外壁设计的齿牙结构分别与上端及下端车载架导轨传动齿轮啮合并插入车载架内凹卡槽，实现车载架的周向位移。上端及下端车载架固定安装在纵向导轨两端，其中上端车载架安装有驱动马达、电控 PCB 板（印制电路板）及供电电源，上下端车载架之间设置丝杆、方型传动轴及固定杆。刀架总成套装在丝杆上，且通过轴套或滑套分别穿过方型传动轴和纵向导轨，可纵向移动。驱动马达提供动力，带动方型传动轴及丝杆旋转，同时实现上下车载架沿可变形导轨外壁的周向运动及刀架总成的纵向运动，两种运动的叠加形成刀架总成的螺旋割胶轨迹运动。刀架总成中的切割刀片在拉簧的作用下紧靠橡胶树割面进行树皮切割，经过放刀—割胶—收刀—回程的程序步骤，实现一次完整的割胶作业。割胶机能够通过物联网实现手机端或PC端远程控制。

目前该款全自动割胶机已在海南、云南、广东等地区的橡胶种植园进行推广示范及试点应用。根据田间作业效果，割胶机树皮消耗量为1.8mm±0.3mm，割胶深度为1.2～1.8mm，切割螺旋升角调节范围为22°～35°，平均切割速度为0.3～0.9m/min，空载续航次数>85次，单次割胶作业时间<60s。

图2-22　许振昆等研发的固定式全自动智能割胶机

2021年，由江苏惠民交通设备有限公司研制了一款固定式全自动智能割胶机，如图2-23所示。采用环保锂电池+高性能光伏充电技术，电源系统可长时间供给设备定期割胶所需的动力，一次安装、无须充电。可用手机App实现单机或控制多台机器在指定时间精准割胶，控制距离远且成本低；电控部分可收集割胶状态、故障、电池电量等信息，可对多台割胶机进行分组管理。

目前，该款割胶机已在广东、海南开展了小范围试验试用。选择当地割龄为10年的橡胶园，选取树围为0.6～0.7m的橡胶树，在离地1～2m处将割胶机固定安装于橡胶树上。以切割螺旋升角、切割

图 2-23　江苏惠民交通设备有限公司研制的固定式全自动智能割胶机

速度及拉簧预紧力为试验因子，分别设定各试验因子水平：切割螺旋升角 20°、25°、30°，切割速度 0.4、0.6、0.8m/min，拉簧预紧力 10、15、20N。做三因素三水平正交试验，观测割胶机作业质量，分析不同作业参数设定对耗皮厚度、割线表面平顺度、切割深度一致性、电量续航等作业性能指标的影响。试验结果显示如下。①切割螺旋升角的变化对割胶机的大部分作业性能指标无影响，但随着切割螺旋升角的加大，电量续航随之降低，切割螺旋升角为 30°时割胶机续航时间最小。②切割速度越快，完成单次割胶耗时越小，但切割速度的提升对耗皮厚度、割线表切割面平顺度有较大影响。切割速度为 0.4、0.6m/min 时，切割下的树皮连续成条状，耗皮厚度一致，约为 1.6mm；当切割速度升至 0.8m/min 时，较大的切割速度导致割线上的切割力分布不均，切割下的树皮不成条，耗皮厚度大小不一。切割速度与割线表面平顺度成反比。切割速度越大，耗皮厚度一致性越差，割线表面容易出现微小台阶，影响表面平顺度。③拉簧预紧力对切割深度一致性影响最大，对其他作业性能指标基本无影响。拉簧预紧力过小，切割深度容易受割面树瘤等外部因素干扰，造成切割深浅不一；拉簧预紧力过大，切割仿形性能较差，容易出现切割深度过大造成伤树的问题。拉簧预紧力为 15N 时，切割深度一致性较好。

四、割胶效果评估

固定式全自动割胶机都能够实现预定的割胶螺旋线切割运动及智能控制功能，但大田试验结果显示，仍存在割胶深度控制较差的缺点。割胶精度一般要求较高，为了避免伤树现象发生，在切割树皮的过程中不能割破通常只有 0.5～1mm 厚的水囊皮层。同时，橡胶树的树皮结构复杂，不同割面部位的树皮厚度不一，需要切割的树皮厚度不同，由于缺少有效的切割导向结构，切割仿形效果较差，通常装备割胶深度为预设的固定数值或采用树皮已割面作为导向限制割胶深度，导致割面不同部位切割深浅不一，易出现伤树及切割不到位的现象。除此之外，部分装备采用测距传感器实时检测切割深度以修正切割刀片作业轨迹，从而控制割胶深度，但由于传感器从探测到信息反馈需要一定的时间，造成切割刀片动作执行具有延迟性，割胶深度控制效果依然不理想。割胶深度的有效控制可降低伤树概率及保证胶乳产量，因此，设计出有效的割胶深度控制结构系统已成为固定式全自动割胶机的核心研发方向。

由于橡胶树树干不规则、树皮厚度不均一，该类装备采用树皮表面仿形技术，导致割胶深度不能完全达到生产技术标准要求，割深和割浅现象普遍，影响产胶量（相比人工割胶减产 40%～50%）。此外，割线表面平顺度不够，加上固定齿圈上下不同心，引起割线倾斜角度变化，导致胶乳外流现象较多、损失部分产量。因此，需要在装备的结构、性能及广适性上进行改善提升，进一步降低装备制造和维护成本。

本章小结

固定式全自动割胶机，沿袭了人工 1/2 树围、割线倾斜角度 25°～30°的割胶方式，采用树干表面仿形技术，通过水平方向和垂直方向同步运动，由机械动力带动切割器完成割胶作业，可以说是人工割胶的机械化版。该类装备的优点很明显：固定安装于橡胶树上，一机一树，可同时完成橡胶园割胶作业，整体效率很高，且由于无需在橡胶树间移动，橡胶园地形对其无影响。因此，国内外研究最多。不足之处也很突出：树干表面仿形技术不成熟，导致割胶深度难以达到生产要求，生产部门反馈减产高达 40%～50%。单位面积机器用量大，导致总体机械使用和维护成本高，在当前产业比较效益不高的情况下，大面积推广有一定难度。尽管如此，仍不失为一种比较有效的全自动割胶装备，体现了科技的进步，未来若能解决成本和产量问题，可能会在产业上大面积推广应用。

第三章 固定式全自动针刺采胶装备研究

第一节 固定式全自动针刺采胶机研发设计

由于橡胶树树干轮廓及树皮厚度的多变性、无规律性，固定式全自动割胶难以做到装备结构轻简化，广适性亦不足。而针刺采胶方式恰好规避了树干复杂工况对装备作业的影响，能有效提升装备的广适性。因此，科技工作者探索研究了固定式全自动针刺采胶机。

一、系统平台的总体设计概述

固定式全自动针刺采胶机的装备系统主要包括针刺采胶作业模块、PLC 控制模块、电源供应模块等几部分。在驱动电机的带动下，采胶作业机构通过水平环形轨道和竖直丝杆，能够在限定范围内的垂直方向和水平环形方向上协同移动，具有一定的灵活机动性能；采胶作业机构在 PLC 系统的控制下完成预定的采胶作业运动，从而实现全自动采胶的功能。

（1）固定式全自动针刺采胶机的系统平台设计，以实现天然橡胶全自动采胶为目的，要求具备对橡胶树进行自动化针刺采胶作业的功能。采用远程操控系统平台的方式，对橡胶树进行针刺钻孔，从而得到胶乳。该采胶机能够将繁重的天然橡胶采收作业转化为轻便自动化的作业，可以降低胶工的劳动强度，节约劳动资源，并且提高天然橡胶产业的生产效率。

（2）固定式全自动针刺采胶机装备系统机械结构的主要运动，即刺针的伸出与缩回，拟采用“步进电机＋齿轮齿条”的组合方式来实现。

（3）固定式全自动针刺采胶机系统平台，采用外接电池的形式来实现驱动。

（4）固定式全自动针刺采胶机系统平台拟采用PLC控制方式，通过触摸屏对系统进行操作，以达到全自动程序运行、分点位程序运行、运动机构单步运行动作的效果。通过PLC控制命令对运动机构的动作定位，以系统平台的设定运动功能为参照，能够实现行走装置的水平环形运动与垂直运动，针刺模块的钻取机构伸出与缩回等功能。

（5）固定式全自动针刺采胶机系统平台拟设远程控制模块（A-BOX），通过WEB（全球广域网）、App终端，对采胶机实现动态远程监测、参数设置和功能控制。远程控制模块内置移动网络，无需重新对控制系统进行网络布线，能够节约内部空间。

（6）固定式全自动针刺采胶机系统平台的工作模式采用模块化设计。

固定式全自动针刺采胶机的设计理念具有较高的创新性，改变了以往的传统采胶方式，大幅度简化了采胶工艺流程，有效地将自动控制技术融入机械结构设计当中，实现了采胶过程的自动化。采胶机的整机质量小于4.0kg，能够通过手机App远程控制达到自主采胶的目的，采胶效率为15s/株。其三维实体模型如图3-1所示。

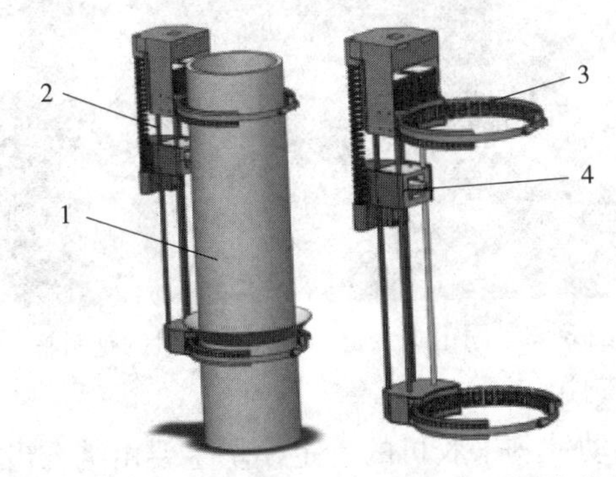

图3-1　固定式全自动针刺采胶机的三维实体模型

1. 橡胶树模型　2. 行走模块　3. 抱紧模块　4. 针刺模块

二、机械运动系统的结构设计

固定式全自动针刺采胶机的机械结构可分为抱紧模块、行走模块和针刺模块等几部分。图 3-1 只对采胶机的三维模型进行构建，控制模块、电路线等较为细微的部分则不进行建模展示，只在最后的实物中体现。每个模块都具有各自的功能特点，现对各模块的设计原理、工作过程、结构组成等方面进行描述。

（一）抱紧模块

固定式全自动针刺采胶机的抱紧模块主要由抱紧箍（分别在采胶机的上下两端安装）组成（图 3-2、图 3-3）。在作业时可根据橡胶树树干外围的大小来调节抱紧箍的松紧，从而达到固定的效果。

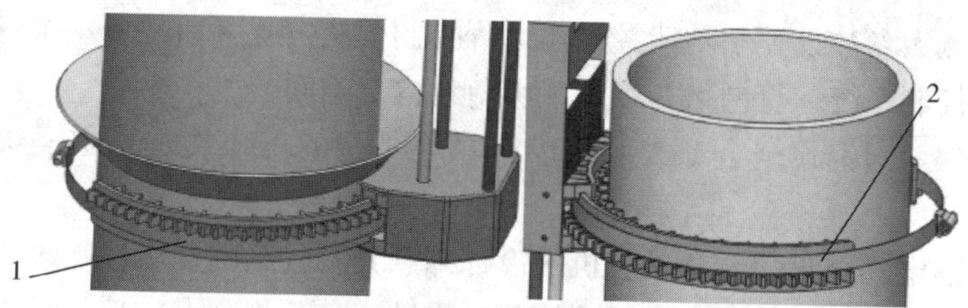

图 3-2　固定式全自动针刺采胶机的抱紧模块

1. 下抱紧箍　2. 上抱紧箍

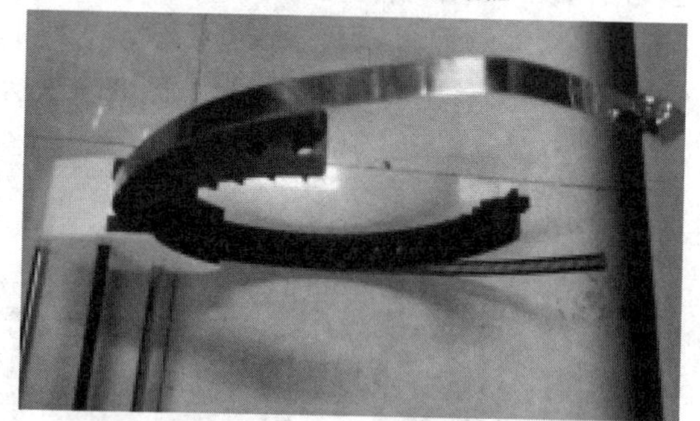

图 3-3　固定式全自动针刺采胶机的抱紧箍

（二）行走模块

固定式全自动针刺采胶机的行走模块主要由啮合齿轮、丝杆、柔性导轨等零件构成（图 3-4）。在运动方向上，可分为垂直方向与水平环形方向两部分。在垂直方向上，针刺模块能够借助啮合齿轮与丝杆的啮合运动，在丝杆上自由滑动；在水平环形方向上，采胶作业机构能够依靠啮合齿轮与柔性导轨的配合，在有限的行程距离内做出位置调整。行走模块处设置弹簧线，由于其具有较好的柔性特点，不会影响针刺部位的正常运动，同时也为电源的供应提供了保障。

依靠啮合齿轮与丝杆、柔性导轨的啮合运动，实现采胶机在两个自由度上的整体运动，如图 3-5 与图 3-6 所示。

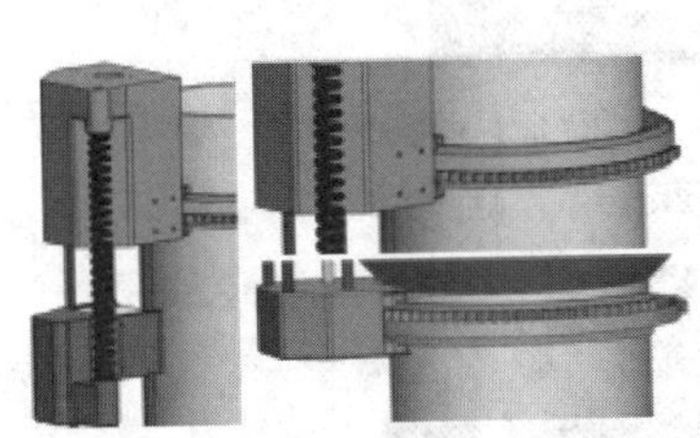

图 3-4　固定式全自动针刺采胶机的行走模块

图 3-5　行走模块中啮合齿轮与柔性导轨的啮合过程

1. 啮合齿轮　2. 柔性导轨

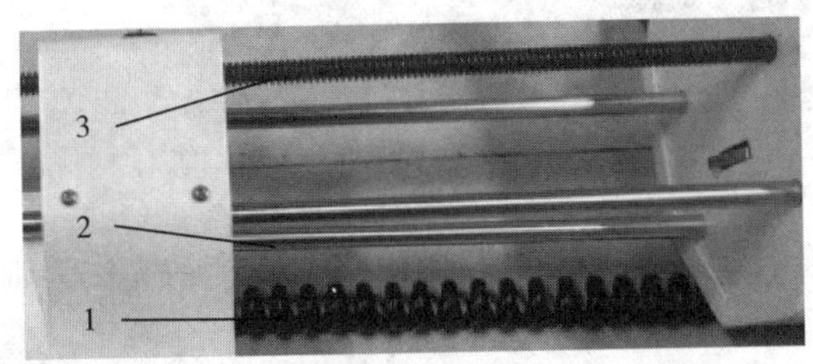

图 3-6　行走模块中丝杆的安装位置

1. 丝杆　2. 支撑杆　3. 弹簧线

（三）针刺模块

固定式全自动针刺采胶机的针刺模块主要由刺孔固定座、刺孔电机护罩、刺孔电机支架、弹簧、刺针、齿轮齿条组等零件构成（图 3-7、图 3-8）。针刺模块是依靠啮合齿轮与柔性导轨啮合，实现水平环形运动的设计效果。在刺针的运动过程中，由刺孔导杆进行位置导向，确定好采胶位置后，电机驱动齿轮、齿条将固定在刺孔螺杆上的刺针推到橡胶树的树皮内部。

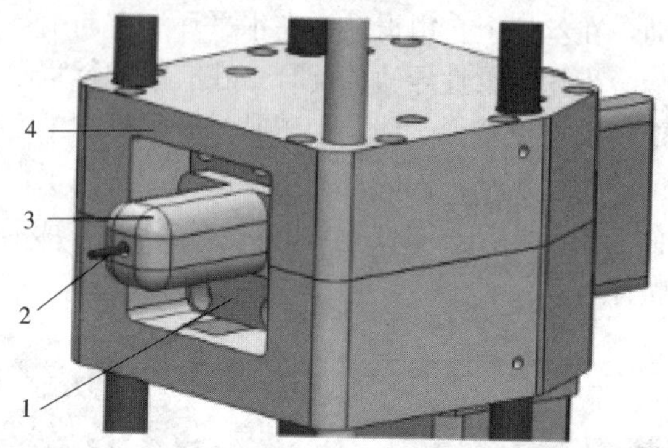

图 3-7　固定式全自动针刺采胶机的针刺模块

1. 刺孔电机支架　2. 刺针　3. 刺孔固定座　4. 刺孔电机护罩

图 3-8　针刺模块的运动机构

1. 弹簧　2. 齿轮　3. 齿条

固定式全自动针刺采胶机采用单头式螺旋钻头作为刺针。钻头材料选用普通碳钢。根据采胶要求，钻头的螺旋外径可选择 1、1.5、2.0mm。钻头安装在步进电机顶端，外部设置限深套，可根据采胶深度调节钻头外露长度，确保不伤树。钻头在电机带动下进行旋转铣削，刺入橡胶树树皮，从而实现采胶作业。刺针的安装位置如图 3-9 所示。钻头结构如图 3-10 所示。

图 3-9　刺针的安装位置

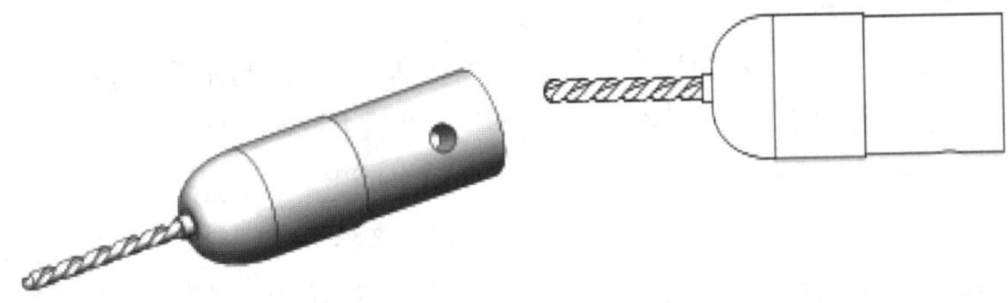

图 3 - 10　钻头结构

三、固定式全自动针刺采胶机电路控制系统的设计

(一) 控制面板的设计

为了便于归纳每个控制动作的系列模块以及控制界面的美观，对操作画面进行多次修改。设计的固定式全自动针刺采胶机的控制面板，符合人机一体的美学感（图 3 - 11）。通过改变显示界面中设置区对应的数值，可对采胶机各运动构件的运动速度、位置、方向等特征做出适当的调节。

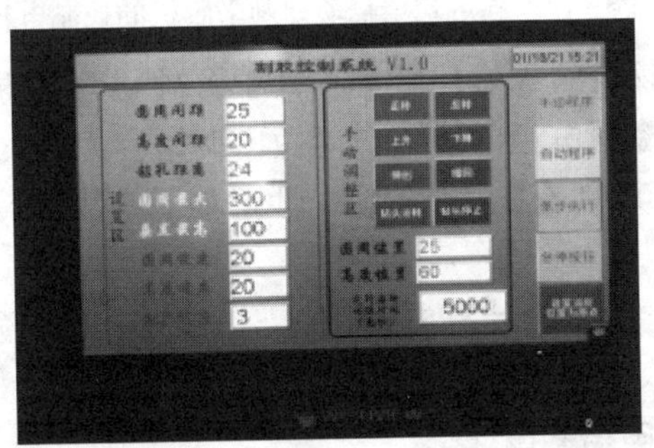

图 3 - 11　固定式全自动针刺采胶机的控制面板

(二) 控制电柜的设计

控制电柜是将开关设备、测量仪表、保护电器和辅助设备装配在封闭或半封闭的金属柜中或屏幅上，可根据不同的需要，采用不同的控制方式。其布置应满足电力系统正常运行的要求，便于检修，不危及人身与周围设备安全。正常运行时可借助手动或自动开关接通或分断电路。故障或不正常运行时借助保护电器切断电路或报警。测量仪表可显示运行中的各种参数，还可对某些电气参数进行调整，对偏离

正常工作状态进行提示或发出信号。

本文设计的电路控制系统为PLC控制系统，具有可编程控制的功能，可实现电机、开关控制的作用。PLC控制电柜（图3-12）具有过载、短路、缺相等的保护功能，可完成设备自动化和过程自动化控制，具有性能稳定、可扩展、抗干扰强等特点，同时，搭配人机界面触摸屏，能够轻松操作，可传输DCS总线上位机Modbus、Profibus等通信协议的数据，可以通过工控机、以太网等方式实现动态控制和监控。

图3-12　固定式全自动针刺采胶机的控制电柜

考虑到采胶机的工作环境基本处于野外，为了方便携带，在设计时对采胶机控制电柜的线路布局做出调整，以装入手提箱的形式进行收纳，使其具有合理的紧凑性，能够较好地利用箱子内部空间。

在采胶机的底部设计有电源接口（图3-13），通过输电缆的连接，能够实现依靠外接电源供电的目的。

（三）控制电路的设计

固定式全自动针刺采胶机系统主要包括机械结构和电路控制两个部分。机械机构是采胶机实现一切预定功能的基础，直接决定采胶机运动学模型的建立、控制系统器件的选型、控制电路的设计等。而电路控制部分是实现机械功能的关键。可靠、稳定的电路控制能够使采胶机更好地实现预定功能。本章节是以固定式全自动针刺采胶机的机械结构设计为基础，从其电路控制系统的功能要求出发，对采胶机的电路控制系统进行初步设计。针对系统要求，完成了所需器件选型、触摸屏软件设计、PLC软件设计和系统安装调试等工作。

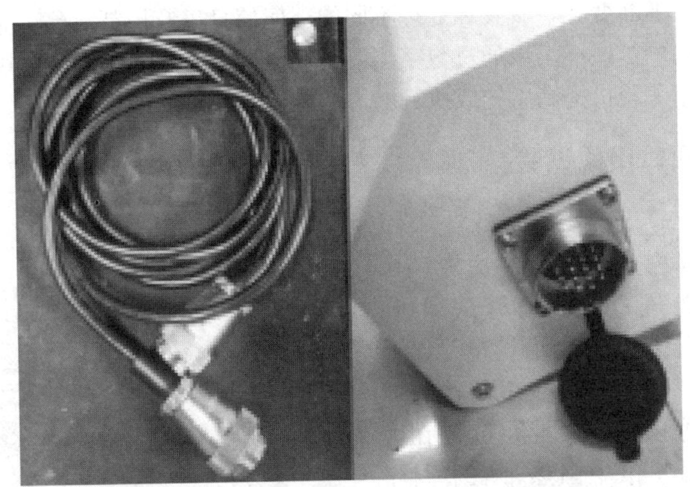

图 3-13　固定式全自动针刺采胶机的电源接口处

固定式全自动针刺采胶机的电路控制系统的功能要求如下。

(1) 采胶机的运动功能。要能适应橡胶园的环境，以及橡胶树的树干外表生长特征，能实现针刺采胶机的启动、停止、垂直运动、水平环形运动，刺针的伸出与缩回等，并且能够表现出一定的灵活移动性。

(2) 采胶机系统的自检功能。针刺采胶机通电后，具有一定的模块自我检测功能，通过 LED（发光二极管）指示灯与屏显来判断是否可以正常运行/执行。

(3) 状态的实施监视功能。对于脱机、下线、过载、停止运行等情况可发出提示警告。系统电池组电压以及输出电流，重启可取消。可实现远程监控。

(4) 刺针的选型与位置调整功能。为确保针刺采胶作业的连贯性，选择的刺针材料应该具有较好的强度与刚度，能够多次使用。刺针的形状要符合规范的采胶农艺，不影响胶乳的排出。在采胶时可以适应橡胶树的树沿外形，确保针刺深度的一致性，避免伤树的情况出现。

(5) 系统具备兼容性与可扩展性。在针刺采胶机具备正常工作能力的同时，控制系统也应具备一定的兼容性，以根据针刺采胶机工作环境的不断变化，收集和处理不同的环境信息以及控制对象；应具备一定的可扩展性，以通过数字接口或通信接口集成更多的子模块，满足针刺采胶机提高感知或执行能力的要求，使其功能更加齐全。

四、田间试验

（一）固定式全自动针刺采胶机平台的调试与安装

理论上，选择一片橡胶园对样机进行安装与调试即可。本样机工作需要稳定电源、开割的橡胶树、较平坦的橡胶园环境等条件，因此，选择在海南省儋州市中国热带农业科学院试验场的某实验基地，进行采胶机的试验开展工作。儋州市地处热带地区，属于热带季风气候，雨水较为充沛，满足橡胶树的生长条件要求，符合固定式全自动针刺采胶机本次的田间试验条件。试验样机如图 3-14 所示。

图 3-14　固定式全自动针刺采胶机的试验样机

（二）固定式全自动针刺采胶机的性能测试与结果分析

样机的调试内容主要包括三个方面：一是根据采胶机的作业运动过程，在控制系统上具体调节采胶机的启停位置，使采胶机的运动过程正常，满足采胶的作业条件；二是根据运动元器件的型号选择，以及机型本有的设计参数，在合理的范围内对采胶机的运动做出调节，从而节约时间，高效地进行田间试验；三是以试验结果为参照，对采胶机的行进速度以及刺针的钻孔深度做出调整。以上的作业前调试工作，也为后续的试验做足准备，并作为后期的农艺改进基础。

在刺针刺入树皮的过程中，先经过树干外围的粗皮与砂皮，因此前期受到的阻力会不断增加，到达黄皮时阻力值保持稳定；当穿过水囊皮后，由于该处的树皮组织较为柔软细嫩，阻力值开始下降；达到形成层后，由于其硬度较大，阻力值又再次增加，并且相比于刺入初期，上升速率会更快。

固定式全自动针刺采胶机的试验过程如图 3-15 所示。通过对试验的橡胶树与非试验的橡胶树进行比较，发现两者的生长情况并无差异，依旧能够保持正常的生长特征，并且在胶乳产量方面没有太大区别。根据以上的描述可初步判断，该采胶机对橡胶树的伤树率几乎为0。但从试验样本的角度来考虑，由于取的试验橡胶树数量较少，且试验的橡胶园只取一片，并没有采取多点取样的方式来进行，再加上试验的周期较短，该试验的结果缺乏说服力，后期仍要进行较多组的试验来进行比较与观察，从而得出较为准确的科学数据。

图 3-15　固定式全自动针刺采胶机的试验过程

五、装备研发价值

（一）解决的关键技术难题

1. 全自动采胶机对复杂树干工况的广适性　每一株橡胶树的树干都不规则、树皮厚度都不均匀，这是全自动采胶机研发与应用的关键技术难题之一。这里将针刺采胶技术与全自动采胶机进行融合，通过割面、钻孔取胶位置、孔数的规划，采用柔性齿轨＋步进电机＋自动控制技术，规避了割胶装备需要对树干进行精准仿形的难题，实现了采胶模块在水平方向和竖直方向上的协同运动以及自动采胶作业与复位，有效提升了全自动采胶装备的广适性和通用性。

2. 针刺采胶深度精准控制技术 采用步进电机＋限深装置模式，能够根据不同品系、年龄的橡胶树的树皮厚度状况，实现采胶深度精准控制，有效减少了伤树。

（二）第三方检测与专家技术评价

2021 年 6 月 11 日，经广东省质量监督机械检验站检测，该装备性能参数如下：主机质量为 3.8kg，采胶效率为 11s/株，耗皮量为 1.5mm，具备采胶位置记录显示功能。

2021 年 6 月 20 日，中国热带农业科学院组织专家对该装备进行了现场评价，意见如下。

（1）针对橡胶树树干采胶作业的复杂工况，将针刺采胶技术与全自动割胶机进行融合，解决了树干不规则、树皮厚度不均一对全自动采胶装备工作的影响，全自动采胶方式具有很好的创新性。

（2）突破了全自动采胶装备采胶深度和耗皮量的精准控制、采胶模块刺针的自动作业与复位等关键技术，实现了采胶模块在水平方向与竖直方向上的协同运动。

（3）试制了固定式全自动针刺采胶机样机 1 种。装备结构紧凑、质量小，具备采胶深度调节、采胶位置记录显示以及故障报警功能，主机质量为 3.8kg，采胶效率为 11s/株，耗皮量为 1.5mm。

综上，该技术装备在结构设计及采胶方式上具有明显的创新性，性能优良可靠，现场采胶效果良好。

第二节　固定式全自动针刺采胶机试验试用

一、装备概述

这里选用的固定式全自动针刺采胶机（图 3-16），由中国热带农业科学院橡胶研究所研制。将针刺采胶技术与全自动割胶技术融合，规避了树干不规则、树皮厚度不均一对自动化采胶的影响，提升了装备对复杂树干工况的适应性。通过压力传感器与步进电机、自控程序及深度限位机构的协同，实现采胶深度的精准控制。通过采胶点间距规划、刺针直径选型、刺针运动偏摆控制，实现耗皮量的精准控制。该装备采用针扎或针钻方式采胶，整机质量为 2.5～3.5kg，单株采胶时间＜20s，针孔直径为 2.0～3.0mm，采胶孔间距为 2cm×2cm，可单孔或多孔采胶，采胶深度根据树皮厚度自主调控。通过锂电池或太阳能电池供电，具备手机 App 远程控制和自主采胶功能。采用乙烯气刺技术，产量可达传统人工割胶的 80%以上。

图 3-16　固定式全自动针刺采胶机

二、工作原理

固定式全自动针刺采胶机包括采胶机机体与控制箱两部分。采胶机机体由上下抱紧箍、针刺机构、移动装置、滑轨导杆等部分组成。采胶机由上下抱紧箍与橡胶树的树干表面进行固定，控制箱与采胶机通过电缆实现对接，从而满足供电、指令传输、位置移动、采胶运动等方面的要求。

全自动采胶装备的机械结构运动，即刺针的伸出与缩回，采用“步进电机＋齿轮齿条”的组合方式来实现，以满足机械结构的针刺采胶功能。由 PLC 实现对操作系统的控制，通过数显面板完成有关运动指令的传输。在 PLC 与电机的共同驱动下，采胶机在限定的 1/2 树围内实现垂直方向与水平环形方向上的移动，能够连续进行多点位针刺作业，针孔的行间距可自由调节，在操作方式上具备手动控制与自动控制的实现条件，具有较好的机动性能。全自动针刺采胶装备系统平台的工作模式采用参数化设计。能够依据橡胶树的大田栽种农艺实际要求，实现橡胶园"一树一机"的应用效果。该采胶机结构简单，操作方便，适用于复杂的橡胶园环境与繁重的采胶作业，具有较好的推广应用前景。

三、采胶技术与操作要求

（一）固定式全自动针刺采胶机构件

固定式全自动针刺采胶机主要由固定支架、切割执行器、回转驱动机构、升降机构、控制系统等构成。切割执行器包括带有刺针的刀架、驱动电机、传动机构、深度控制机构等；回转驱动机构包括圆形齿条、齿轮、驱动装置等；升降机构包括丝杠、导向轴、驱动电机等。升降机构是驱动切割执行器纵向移动的装置。切割执行器设置在升降机构上，升降机构设置于回转驱动机构上，回转驱动机构与两环形轨道槽齿圈形成圆周传动连接；控制系统是集成了圆周驱动装置、纵向驱动装置及进给驱动装置的电路控制系统，用于控制刺针的周向移动量、上下移动量及径向进给量。

（二）技术参数

固定式全自动针刺采胶机的主要技术参数见表 3-1。

表 3-1 主要技术参数

项目	技术参数
采胶效率（s/株）	5
主机质量（kg）	3.2
电池容量（mA·h）	1 000
特殊功能	主要参数实时采集、故障诊断与自动监控功能

（三）装备的安装调试

固定式全自动针刺采胶机的安装调试主要包括 3 个步骤。

（1）装备固定安装。首先以橡胶树树干中心为参照，根据树围轮廓特征调节采胶机上下抱紧箍的松度，将机器固定安装在橡胶树树干上。

（2）装备作业前检查。采胶机通电后，通过观察其 LED 指示灯及屏幕显示器状态，预判采胶机装备是否可以正常运行。

（3）装备作业参数设置。采胶机配备控制面板。通过设定面板内置操作系统中不同类型的作业数值，设置 PLC 控制系统执行指令，可控制装备各运动构件的速度、位移、方向等作业参数。根据橡胶树树干的生长特征，操作控制面板，调节合适的采胶机树干周向启停位置、垂直运动范围、刺针伸出及缩回幅度等装备作业参数。

经过以上 3 个安装调试步骤，完成装备自动针刺采胶准备工作，随后启动装备自动作业模式运行全自动采胶功能。

（四）操作要求

操作人员经固定式全自动针刺采胶机使用方法培训并通过考核后方可使用本机。培训重点应是设备的安装、调试和运行等。使用过程中需定期观察设备运行情况，去除落叶、落枝等影响设备运行的障碍物，金属传动零部件定期上油除锈。非专业维修人员禁止拆卸机体。

（五）安全性及可靠性要求

（1）容易对人身安全造成伤害的部位应有安全警示标志。应具有转向、操纵、润滑、油位、安全等标志，并符合《GB 2894—2008　安全标志及其使用导则》的要求。

（2）元器件应安全可靠，接地良好。设备的电气系统应符合《GB 5226.1—2019　机械电气安全　机械电气设备　第 1 部分：通用技术条件》有关电气系统的规定，便于操作和维修。

（3）正常工作时运转应平稳，启动应灵活，动作应可靠。

（六）采胶要求

（1）自动化设备中接触树皮的关键零部件不得有生锈或材料脱落现象，以免污染胶乳。

（2）自动化采胶设备应配备平口钻头，禁止使用尖口钻。刀口要保持锋利、平整。采胶操作要做到深度均匀，割口分布整齐，无断刀堵孔。

（3）搞好“六清洁”（胶杯、胶刮、胶桶、胶舌、树身、树头清洁）。及时回收长流胶和杂胶。

（七）开采标准与割面规划

1. 开采标准 参照《NY/T 1088—2006 橡胶树割胶技术规程》要求。同一林段内，芽接树离地 100cm 处或优良实生树离地 50cm 处，当树龄已达 12 年、相应树围在 40cm 以上的橡胶树占林段总株数 50%时，正式采胶。

2. 割面规划 参照《NY/T 1088—2006 橡胶树割胶技术规程》要求。芽接树针刺采胶时第一采胶面离地高度为 100～110cm，再生皮的割面高度不变，同一林段内采胶位变换方向应一致。优良实生树第一采胶面离地高度为 50～80cm，以后各采胶面离地均为 110cm。

（八）采胶制度

1. 针刺采胶制度

（1）孔径为 1mm，孔数为 3 个，隔 2～4d 刺一针割制：

1－3Pgd3-5. 3W/4＋E2. 5（50cm×1. 5cm）

（其中，Pg 代表孔数；d 代表天数；W 代表周数；E 代表乙烯利刺激剂。下同）

（2）孔径为 1mm，孔数为 6 个，隔 2～4d 刺一针割制：

1－6Pgd3-5. 3W/4＋E2. 5（50cm×1. 5cm）

（3）孔径为 1. 5mm，孔数为 3 个，隔 2～4d 刺一针割制：

1. 5－3Pgd3-5. 3W/4＋E2. 5（50cm×1. 5cm）

（4）孔径为 1. 5mm，孔数为 6 个，隔 2～4d 刺一针割制：

1. 5－6Pgd3-5. 3W/4＋E2. 5（50cm×1. 5cm）

采胶制度（1）说明：在宽 1. 5cm、长 50cm 的垂直带上轻刮皮，每刀针刺 3 孔，纵排孔距 2cm，从下往上依次刺采，3～5d 采胶 1 次，采胶 3 周，休采 1 周，刺激剂量为每周期涂 2. 5%乙烯利刺激剂。

各地区（单位）可根据具体情况，选择以上 1 种或多种割制，但一个单位（农场）只能选择其中的 1～2 种割制，以便于生产技术管理。（2）（3）（4）这 3 种割制需到第 5 割年以后才能采用，2 个采胶孔的间距不得小于 2cm，不得大于 3cm。

采胶方式：按相应割制，配置相应规格的刺针，并设定自动化机械采胶机的程序，使设备按相应运动轨迹运作，完成相应采胶孔的作业。

采胶技术：①每次采胶孔间距为等距离；②从下向上针刺；③在老针孔 2cm 以外针刺新孔。

注意事项：①避免开沟太深；②检查爆皮流胶，尤其是在针刺采胶的头 6 个月；③立即处理爆皮流胶（切除裂开的树皮并涂伤口涂剂）。

2. 刺激浓度 参照《NY/T 1088—2006 橡胶树割胶技术规程》要求。采用 d/3 采制，耐刺激的品种如 PR107、PB86、GT1 等，开割头 3 年可用 0.5%～1%乙烯利刺激采胶，随着割龄的增长，刺激浓度可逐步提高，但最高不超过 4%；不耐刺激的品种如 RRIM600 等，开割头 3 年不进行刺激采胶，开割第 4～5 年可用 0.5%乙烯利刺激采胶，随着割龄的增长，刺激浓度可逐步提高，但最高不能超过 3%。若采用 d/4、d/5 割制，相同割龄下，乙烯利浓度可比 d/3 割制分别增加 0.5%、1%。更新前 3 年可适当提高刺激浓度。

乙烯气刺，浓度为 40%～80%，每袋 100mL，每 15d 充气 1 次。

3. 刺激剂剂型 刺激剂剂型有糊剂、水剂和气体。为提高橡胶树的产胶潜力，提高干胶含量，减少死皮，应施用通过成果鉴定或获国家专利，并经中间试验的复方药剂。

4. 施用剂量 参照《NY/T 1088—2006 橡胶树割胶技术规程》要求。每株次涂稀释药剂 1.5～2.0g。PR107 初产期（即第 1～5 割年）采用月周期，年涂 5～7 次。其余品种，采用 d/3 割制的，为半月周期，年涂 10～14 次；采用 d/4 割制的，12d 为一周期，年涂药 14～16 次；采用 d/5 割制的，10d 为一周期，年涂药 16～18 次。每个生产单位要有专人管药、配药、发药，严禁擅自提高施药浓度或增加施药次数。

5. 施药方法 采胶前 3d 施刺激剂，开针刺带后立即施。选择晴天涂药。沿采胶孔上方新刮刺激面涂药。涂药 6h 后遇到暴雨冲刷，不用补药；在 2h 内遇暴雨冲刷，要补涂；在 2～6h 内遇暴雨冲刷，可依据施药后第一刀的产量情况，适当缩短涂药周期。为获得高产量，涂药后 24h 内不得采胶。

6. 采胶次数 参照《NY/T 1088—2006 橡胶树割胶技术规程》要求。采用 d/3 割制时，每周期采 4～5 刀，年割 60～80 刀；采用 d/4 割制时，每周期割 3 刀，年割 50～60 刀；采用 d/5 割制时，每周期割 2 刀，年割 50 刀。不能连刀、加刀，所缺涂药周期和采胶刀数可推后补齐，以达到所规定的全年采胶刀数为准。

（九）采胶效果要求

1. 采胶深度 按不同橡胶树品种的特性和树龄，制定相应的采胶深度。采胶深度不得伤及木质部，一般应控制在 2～2.5mm。

2. 耗皮量 按不同树位采胶深度，制定相应的割制。d/(2～5) 割制，3 孔每次耗皮量不大于 $12cm^2$（2cm×6cm），6 孔每次耗皮量不大于 $24cm^2$（2cm×12cm）。按年规定采胶次数计算耗皮量，每年开割前在树上做出标记。

3. 采胶面均匀度 无过多残渣。孔间距按制度执行，误差小于 1mm。孔径误差小于 0.2mm。

4. 胶乳清洁度 无树皮碎屑污染胶乳。

5. 采胶效率 参照《NY/T 1088—2006 橡胶树割胶技术规程》要求，每株采胶完成时间小于 17s。

6. 伤树率 参照《NY/T 1088—2006 橡胶树割胶技术规程》要求，应不大于 5%。

7. 死皮率 当年新增四级以上死皮率不超过 1%。

8. 干胶含量 PR107、PB86、GT1 等耐刺激采胶品种的干胶含量在年均 27%以上；RRIM600、海垦 2 等不耐刺激采胶品种的干胶含量在年均 25%以上。各地区可根据树龄、品种制定冬季干胶含量控制指标。

四、采胶试验

2020 年 6 月，该装备在中国热带农业科学院试验场橡胶园生产基地（位于海南省儋州市）进行了性能测试。选择割龄为 8 年、品种为热研 73397、树围为 50～70cm 且排胶正常的橡胶树进行试验。按照针刺采胶装备安装调试步骤，将装备固定安装于具有原始皮、再生皮的橡胶树树干上，安装位置离地 60～110cm，根据橡胶树树干生长特征设定合适的全自动针刺采胶作业参数及程序动作。试验选取驱动电机转速、针刺径向进给速度、刺针孔径、针刺深度为试验因素。设定的各因素水平范围：驱动电机转速为 60～100r/min，针刺径向进给速度为 0.3～0.5m/min，刺针孔径为 2、2.5、3mm，针刺深度最大为 1.5cm。观测针刺装备采胶性能。

试验结果显示：

①该机单株树采胶耗时约 15s，刺针径向行程满足采胶深度要求，没有出现树皮硬度过高造成刺针断裂的现象，刺针强度满足大部分采胶作业要求，能保证采胶机作业可靠性。

②由于缺少深度探测功能，需要根据实际针刺作业情况进行人工预设或调节，容易因采胶深度过深或不足发生伤树或排胶量减少等问题。

③驱动电机转速越高，刺针越容易刺进树皮内部。在再生皮针刺试验中，由于树皮硬度较高，当驱动电机转速较低且针刺径向进给速度较高时，容易发生钻头憋停现象。除此之外，随着针刺径向进给速度增大，钻孔过程中产生的木屑排出量减小，容易导致排胶孔堵塞，影响排胶产量。

④刺针孔径增大，排胶产量相对增大，但因试验样本数量较少、试验周期短、试验橡胶树品种对象相对单一，该结果仍需进一步试验验证。

五、采胶效果评估

中国热带农业科学院橡胶研究所研发的固定式全自动针刺采胶机，通过针刺方式采集胶乳，由电机提供动力，通过水平环形轨道和竖向丝杆滑台分别实现刺针在树干表面的周向及纵向运动，并由 PLC 系统根据预定的采胶轨迹及步骤控制刺针实现全自动采胶功能。相比于大部分采用沿螺旋线轨迹切割树皮的割胶机切割结构，该装备的针刺采胶设计理念具有较高的创新性，可大幅简化机器结构，有助于缩减机器制造成本。

割胶前，树皮厚度、水囊皮位置不可见，全自动割胶装备难以根据工况及时、准确地做到割胶深度毫米级控制，从而伤树，是全自动割胶机研发与应用的关键技术难题之一。该装备采用农艺农机融合，可根据不同品系、年龄的橡胶树的树皮厚度状况，采用步进电机+限深装置，通过自动控制技术和预设阈值，实现采胶深度的精准控制，有效减少了伤树情况的发生，提升了装备的实用性。

由于该采胶方式是针刺采胶，每针刺断乳管数有限，产量成为该类型装备应用的关键制约因素。因此，需辅助采用乙烯气体刺激方式，以获得理想产量。但乙烯气刺对树体伤害较大，需对使用浓度、刺激时间、树龄（需为老龄树）、采胶频率等进行严格限制。一般情况下，乙烯气体刺激浓度需控制在40%～80%，采胶周期在4d以上，宜选择3～5年后需更新的老树，产量一般可达人工割胶的80%以上。

本章小结

固定式全自动针刺采胶机的设计与研究，是天然橡胶收获技术与装备的一种创新探索。针对橡胶树树干采胶作业的复杂工况，将针刺采胶技术与全自动割胶机融合，规避了树干不规则、树皮厚度不均一对全自动采胶装备工作的影响，提升了装备在田间作业的广适性和通用性，并实现了装备的轻简化，有效降低了装备成本。通过压力传感器与步进电机、自控程序及深度限位机构的协同，实现采胶深度的精准控制。通过采胶点间距规划、刺针直径选型、刺针运动偏摆控制，实现耗皮量的精准控制。该技术装备在结构设计及采胶方式上具有明显的创新性，现场采胶效果良好，未来可进一步优化结构、高度集成，其质量可控制在1.5kg左右，结合农艺刺激技术，是比较有应用潜力的全自动采胶装备。

第四章 地轨移动式全自动针刺采胶机研究

第一节 移动式全自动采胶装备研究进展

随着现代信息技术的快速发展，我国农业进入数字化时代，农业机械往自动化、智能化方向发展，工业机器人技术被探索应用于热带丘陵山区的橡胶园收获中。移动式采胶机械主要包括地面移动式和空轨移动式两种。

一、地面移动式

地面移动式采胶机械按其行走模式可分为轮式、履带式和地轨式三种。

Hong（1976）研发了装在小型拖拉机上的割胶机（图 4-1）。该机装在拖拉机右侧，与前进方向垂直，伸出后轮约 1m，在伸出部分

图 4-1　Hong 研发的装在小型拖拉机上的割胶机

的末端装一旋转刀盘。当拖拉机驶近橡胶树时，刀盘能对准树身，并能绕树割皮。刀盘后面的喷头也自动地喷洒化学刺激剂。

曹建华等（2017）研制了履带行走式割胶机器人。机器人主要由切割器、机械臂、行走底盘、识别系统、控制系统等组成（图 4-2）。海南橡胶集团（2019）也研发了类似的履带自走式割胶机器人，在切割器部分增加了抱树机构和轨道，并通过读取固定在橡胶树上的二维码获取信息（图 4-3）。

图 4-2 曹建华等研制的割胶机器人

图 4-3 海南橡胶集团研发的割胶机器人

张春龙等（2019）设计了一种以履带式机器人为基本平台的割胶机器人（图 4-4）。其程序在 Windows 7 Visual Studio 2013 上运行。机器人平台的长度为 76cm，宽度为 62cm。激光雷达在机器人平台上的安装位置距地面 95cm。其激光雷达的型号为 A2M6，由 SLAMTEC 公司制造，扫描频率为 10Hz，扫描角度为 360°，角度分辨率可在 0.45°～1.35°范围内调节，最大扫描距离为 18m，相对扫描精度为 1%。这里使用的陀螺仪为深圳威特智能科技有限公司生产的 JY901 型，频率为 10Hz，角度分辨率为 0.1°。CATERPILLAR 公司生产的两个驱动轮由 MOTEC 公司生产的两台 HLM480E36LN 无刷直流（DC）电机分别驱动。跟踪装置的作用：白色小麦粉放置在跟踪装置中，所以当机器人行走时，留在地面上的白线应该是机器人的实际行走路径。

曹建华等（2020）研发了地轨移动式针刺采胶机器人（图 4-5），将针刺采胶技术与全自动割胶机器人融合，有效规避了橡胶树树干复杂工况对机器人工作的影响，提升了装备的广适性和通用性。利用智能传感器，突破了树皮厚度探测，采胶深度自主调控，耗皮量的精准控制，采胶位置的精准定位，装备在轨道上的行走与停车等关键技术，具备自动刮皮、涂抹乙烯利、加注氨水、自动收集胶、采胶位置智能调节、故障报警等功能。

图 4-4 张春龙等设计的割胶机器人

1. 车体 2. 陀螺仪 3. 激光雷达 4. 遮阳板 5. 显示屏 6. 跟踪装置

图 4-5 曹建华等研发的地轨移动式针刺采胶机器人

张俊雄等（2021）研发的地轨移动式割胶机器人，如图 4-6 所示，主要由切割刀具、传感器、底座、机械臂等组成。该装备采用力反馈控制系统和方法，降低了割胶轨迹误差，实现了自动化割胶作业，提高了割胶作业效率和割胶质量。

邱继红等（2021）研发的智能割胶机器人主要由机械臂、GPS（全球定位系统）模块、全地形底盘、激光雷达、储胶罐、扫描仪、电动割胶刀、胶乳收集泵、吸胶管等组成（图 4-7）。该装备融入了二维码标识、云端系统等现代信息技术。由云端系统控制割胶机器人进行割胶作业，在复杂地形中可以灵活行走，可实现一机多树割胶，提高了割胶效率。

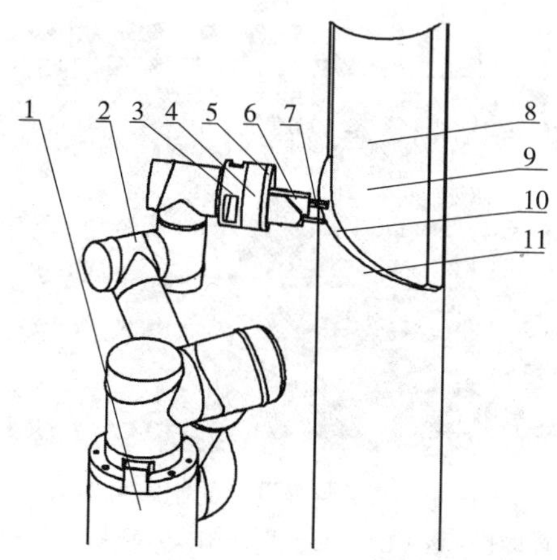

图 4-6　张俊雄等研发的地轨移动式割胶机器人

1. 底座　2. 机械臂　3. 法兰　4. 六维力传感器　5. 固定盘　6. 线激光传感器　7. 刀片　8. 橡胶树　9. 切割面　10. 割线　11. 未切割树干表面

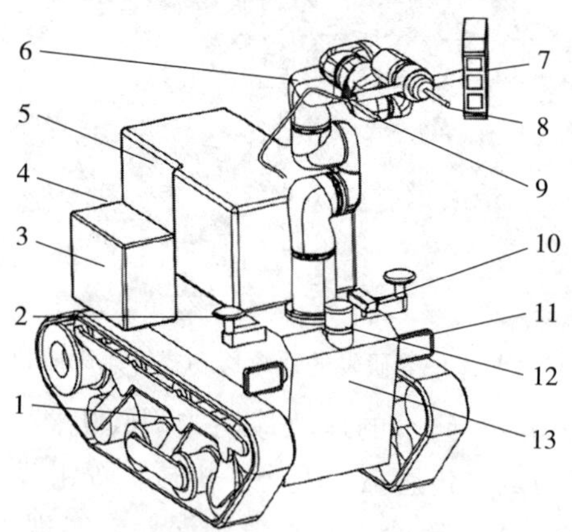

图 4-7　邱继红等研发的智能割胶机器人

1. 全地形底盘　2. GPS 模块　3. 蓄电池　4. 通信模块　5. 储胶罐　6. 六轴机械臂　7. 扫描仪　8. 电动割胶刀　9. 吸胶管　10. 摄像云台　11. 照明灯　12. 激光雷达　13. 机械臂安装平台

周航等（2021）研制的割胶机器人，如图 4-8 所示，主要由地面轨道、机械臂、视觉系统、传感器等组成。该款设备适合地形复杂的橡胶园，并利用 RFID（Radio frequency identification，射频识别）技术集成设计了无源电子标签和阅读器，帮助定位目标橡胶树的割面，割胶作业精度达到亚毫米级，切割树皮时，耗皮量误差、切割深度误差分别为 0.28mm、0.49mm。该装备能够利用铺设在橡胶园的轨道，实现自动化一机多树割胶。

图 4-8　周航等研制的割胶机器人
1. 移动平台　2. 控制柜　3. 机械臂
4. 末端执行器　5. 视觉系统　6. 光源

周航等（2022）设计了用于天然橡胶种植园的橡胶切割机器人（图 4-9），通过分析六轴串联机械臂的躯干轨迹和手动切胶轨迹，建立了用于六轴串联机械臂操作的空间螺旋轨迹。机器视觉系统实现了切割轨迹所需参数的初始感知。此外，开发了末端执行器，以进一步精确控制切割轨迹和切割操作。该系统已在海南省的一个橡胶园进行了田间试验。起始点定位误差为 1.0mm±0.1mm，执行时间为 17.01s±3.65s。对于割胶机器人来说，树皮切割深度设置为 2.0mm 和 5.0mm 更合适。得到的树皮厚度

图 4-9　周航等设计的橡胶切割机器人
1. 结构光源　2. 视觉系统　3. 末端执行器
4. 面光源　5. 机械臂
6. 机械臂控制柜　7. 移动平台

为 1.73mm±0.28mm，树皮宽度为 5.07mm±0.13mm。割出的树皮深度为 1.99mm±0.24mm。整个割胶操作所用时间为 80s±5s。该研究展示了工业机器人技术在胶乳收获领域的应用潜力。

周航等（2020）研制的伺服割胶机器人如图 4-10 所示。研究了割胶机器人的视觉伺服控制方法。该装备主要由轨道式移动平台、多关节机械臂、双目立体视觉系统和末端执行器等组成。承载机构选用轨道式移动平台，可以减少割胶机器人与地面的相对位移，提高系统稳定性。切割 1mm 厚的橡胶树树皮时，耗皮量误差约为 0.28mm，切割深度误差约为 0.49mm。

橡胶树前铺设一条由 50mm×50mm 铝合金组成的轨道。轨道宽度为 600mm，长度可根据需要增加。轨道式移动平台在轨道上行驶。有一个 RFID 阅读器附在轨道式移动平台的底部，每株橡胶树上都贴着一个无源标签。当 RFID 阅读器接收到正确的标签信号时，轨道式移动平台就会停下来，获取橡胶树的唯一标识 ID。在轨道移动平台内，安装有工控机、电池和配套附件。两个步进电机驱动机器人在轨道上行走。在操作过程中，如果不加以固定，机器人会在切削力下摆动，因此增加了两组继电器推杆装置，保证了车辆的稳定性。同时，在轨道上合适的位置留下孔。当平台停止时，推杆伸出来贴合孔并固定机器人。工控机是整个系统的核心控制器，不仅控制轨道式移动平台的运动，也控制机械臂的运动轨迹。综合考虑性能和成本，这里选择 AUBO Robotics 公司生产的 AUBO-i5 作为机械臂。AUBO-i5 是一种六自由度机械臂，通过控制器区域网络（CAN）在关节之间进行通信。两个摄像头固定在 Joint 2 和 Joint 3 的机器臂上，组成了一个双目立体视觉系统。该系统采用平行光轴方案，俯仰角度都是 30°。

末端执行器主要由切割机、测距传感器、摄像头、环形光源等组成。在末端执行器的基座上有一个与机器人手臂连接的法兰。力传感器安装在法兰中间。然后是刀具，由刀片、刀柄、刀柄法兰组成。刀片的设计借鉴了传统切刀的形状。刀片宽度为 10mm，两棱厚度均为 2mm。刀尖位于两条边的交叉处。

图 4-10　周航等研制的伺服割胶机器人
(a) 移动平台停放在橡胶树前　(b) 机械臂移动到割胶初始位置
(c) 末端执行器沿初始割线轨迹预测割胶深度和耗皮厚度
(d) 机械臂回到割胶起始位置　(e) 沿着割线轨迹完成割胶作业
(f) 末端执行器切割树皮

二、空轨移动式

曹建华等（2020）研发了基于空架轨道移动式的针刺采胶机器人，如图 4-11 所示。该装备主要由行走轨道、行走机构、关节旋转器、回转臂、回转传动机构、针刺机构等组成，装备质量（仅 27.5kg）、轨道质量和成本大幅降低。该采胶装备采用悬空轨道实现采胶装备的空中行走，既不受橡胶园地形的影响，也不影响林下经济作物的种植，能实现一机多树采胶的目的，并在生产上试验试用，被誉为“采胶蜘蛛侠”。

移动式针刺采胶机器人，是未来全自动采胶装备研发的方向，理论上单位面积使用成本会比固定式全自动割胶机更低。但同时，也面临更多的技术难题，比如，如何适应橡胶园复杂多变的地形地貌、对千差万别的橡胶树如何实现精准识别和采胶作业、如何实现装备的轻简化等，科技工作者仍有很漫长的路要走。

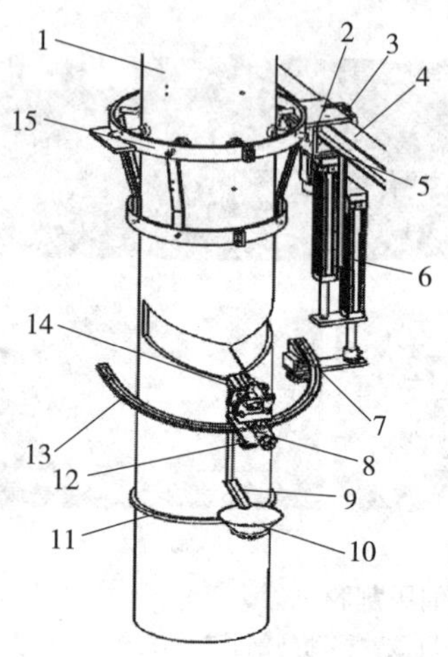

图 4-11　曹建华等研发的基于空架轨道移动式的针刺采胶机器人

1. 橡胶树　2. 行走机构　3. 到位检测器　4. 行走轨道　5. 空架轨道　6. 升降机构　7. 关节旋转器　8. 深度控制机构　9. 胶舌　10. 收集胶碗　11. 胶碗支架　12. 回转传动机构　13. 回转臂　14. 针刺机构　15. 固定架

第二节　地轨移动式全自动针刺采胶机研发设计

一、系统平台设计分析

（1）地轨移动式全自动针刺采胶机系统平台设计以实现天然橡胶全自动采胶为目的，要求具备对多株橡胶树进行自动刮树皮、刷乙烯利、针刺钻孔、橡胶采集、氨水滴入等功能，采用远程操控设备平台的方式进行天然橡胶采收，将橡胶采收过程中的繁重工作转化为自动化工作，降低劳动强度，提高生产效率。

（2）地轨移动式全自动针刺采胶机系统拟采用“步进电机＋同步带”的组合方式，实现水平输送、前后伸出、上下升降功能；拟采用“步进电机＋齿轮齿条”的组合方式，实现钻取机构圆周运动、钻取机构伸出、刮刀机构伸出功能；拟采用联轴器将步进电机与钻取铣刀、树皮切削铣刀进行连接，实现圆孔钻取、平面切屑功能；拟采用“电动推杆＋针管”的组合方式，实现氨水、胶乳定量输送功能。

(3) 系统供电拟采用电缆滑线方式。电缆滑线由轨道、携缆小车、电缆，以及悬吊、固定等组件组合而成。扁平电缆的始端固定在导轨的始端固定器上，间隔 1m 依次固定在携带电缆的中间滑车（携缆小车）上，电缆末端固定在牵引滑车上。采用无触点供电方式，通过电缆的拖拽（含牵引绳作用），带动所有的小车在轨道中以任意速度自由滑动。

(4) 系统拟采用 PLC 控制技术，采用触摸屏进行系统操作，以实现全自动程序运行、分点位程序运行、运动机构单步运行动作。通过 PLC 控制命令对系统部分单步动作进行互锁，实现系统自我保护的功能。通过 PLC 系统，计算橡胶树位置的坐标参数信息（以流水线始点位为坐标原点，与流水线方向一致的为 X 轴、垂直于流水线方向的为 Y 轴），实现对水平输送、前后伸出、上下升降运动速度的设定，实现对钻取机构伸出速度、刮刀机构伸出速度的设定，实现对针刺钻取、树皮切削的转速设定，实现对钻取深度的设定。

(5) 系统拟设远程控制模块（A-BOX），通过 WEB、App 终端，对设备实现动态实时的远程数据监测、参数设置和功能控制。远程控制模块内置 4G 网络，无需对系统进行网络布线，即能实现远程通信。

(6) 系统采用模块化设计。依据橡胶树的栽种规律，输送平台为 3m 一段设计，实际中可根据橡胶树的数量等，对输送平台进行拼接，达到扩展的目的。

地轨移动式全自动针刺采胶机系统平台的主要设计参数如表4-1所示。

表 4-1　地轨移动式全自动针刺采胶机系统平台的主要设计参数

项目	参数
输送平台高度（mm）	810±30
工作高度（mm）	700~1 700
橡胶树数量（株）	6
水平输送	步进电机+同步带+导向轮组
水平输送速度（m/min）	0～30（可调）
前后伸出	步进电机+同步带+直线导轨

（续）

项目	参数
前后伸出速度（m/min）	0～30（可调）
上下升降	步进电机＋同步带＋直线导轨
上下升降速度（m/min）	0～15（可调）
圆周运动	步进电机＋同步带＋圆弧导轨
圆周运动速度（°/s）	0～30
伸出运动	步进电机＋齿轮齿条＋直线导轨
伸出运动速度（m/min）	0～15（可调）

二、硬件系统结构设计

（一）硬件系统总结构概述

地轨移动式全自动针刺采胶机硬件系统主要由滑行轨道、采胶作业机构、PLC 控制模块、供电系统、故障报警系统五大部分组成（图 4-12）。本系统平台借助滑行轨道，带动采胶作业机构进行 X 轴、Y 轴、Z 轴方向的自由移动，通过 PLC 控制系统指导采胶作业机构完成采胶作业，以实现天然橡胶全自动采胶。采胶作业机构的工作方式概述为：通过平面铣刀在橡胶树表面进行刮平和刷胶，刮平高度可设定，额定设置高度为 300mm；通过钻取机构在刷胶位置进行打孔钻取，打孔深度可进行设定，打孔间距为 20mm×30mm；当完成一次刷胶打孔后，采胶作业机构将沿着圆形轨道旋转一定角度进行

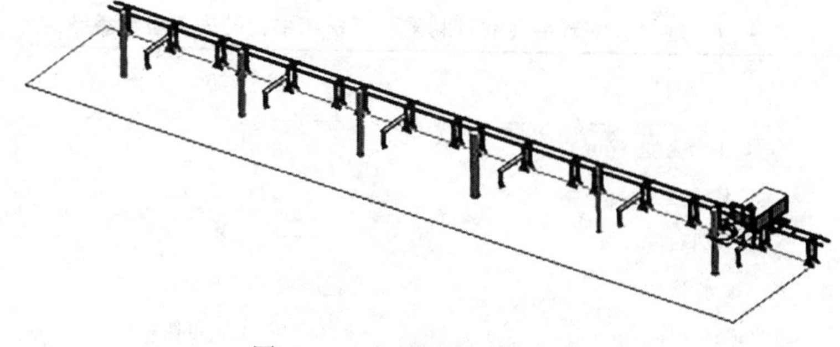

图 4-12　硬件系统总结构示意

重复刷胶打孔；当完成 180°刷胶钻取后，将采胶作业机构手工拆卸、翻转安装，进行另外 180°的刷胶钻取。

（二）轨道系统

轨道系统主要包括行走支撑型材、取胶支撑型材、线缆导向槽、地脚安装板、脚杯高度调节装置、吊架、C30 电缆滑车滑轨、线缆保护带、连接头、固定装置、中间滑车、牵引滑车等（图 4-13）。轨道总长 18m，分 6 段，每段 3m，且机构一致，可根据橡胶树的数量、距离等实际工况需求进行组装；地脚安装在钢板上，平放在采胶作业现场；在左右地脚的中间设有脚杯，脚杯可用于调整行走支撑型材水平，并起到支撑作用。采用滑车滑轨机构供电，滑轨长度为 3m，采用连接头对接。

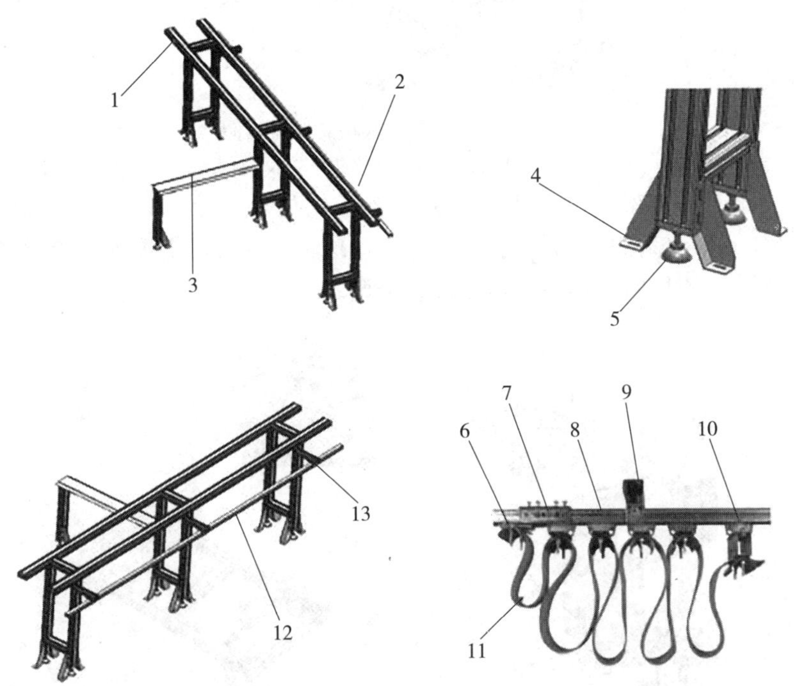

图 4-13　轨道系统设计图

1. 行走支撑型材　2. 线缆导向槽　3. 取胶支撑型材　4. 地脚安装板
5. 脚杯高度调节装置　6. 固定装置　7. 连接头　8. 中间滑车　9、13. 吊架
10. 牵引滑车　11. 线缆保护带　12. C30 电缆滑车滑轨

（三）水平行走模块

水平行走模块主要包括牵引滑车支架、水平行走驱动、伸出平移驱动、水平行走架、位置检测传感器等（图 4 - 14）。

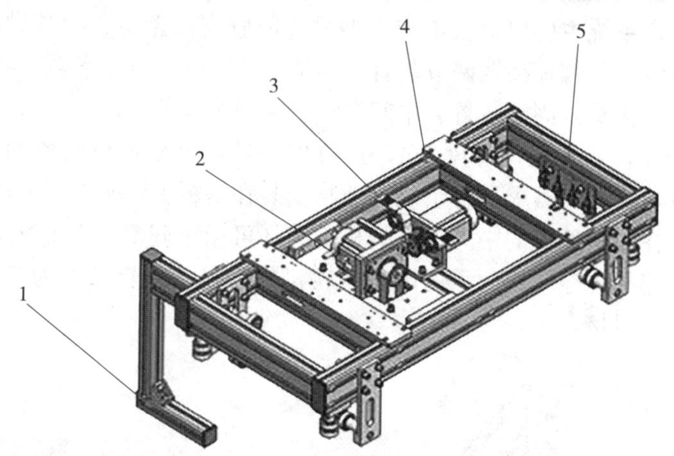

图 4 - 14　水平行走模块总体设计图

1. 牵引滑车支架　2. 水平行走驱动　3. 伸出平移驱动　4. 水平行走架　5. 位置检测传感器

水平行走架由型材支架、支撑轴承轮与导向轮（4 组）等组成（图 4 - 15）。每组导向轮由 3×2 个深沟球轴承组成，支撑轴承轮靠定位安装，侧导向轮和防倾覆轮位置可调。

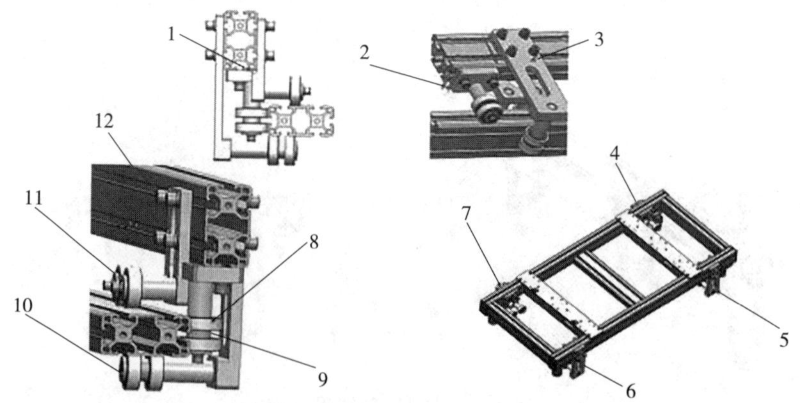

图 4 - 15　水平行走架设计图

1. 支撑轮限位安装台阶　2. 侧导向轮调节　3. 防倾覆轮调节　4、5、6、7. 导向轮组　8. 侧导向轮　9. 支撑型材　10. 防倾覆轮　11. 支撑轴承轮　12. 型材支架水平行走架的定位装置由 4 组槽型光电组成，其中 1 组槽型光电的感应舌片比其余 3 组槽型光电的感应舌片要提前感应到水平行走架的位置，用于行走减速确认位置；橡胶树位置由另 3 组槽型光电的感应舌片组合确认，可依次实现 6 株树位置确认。水平行走架的定位装置设计图如图 4-16 所示。

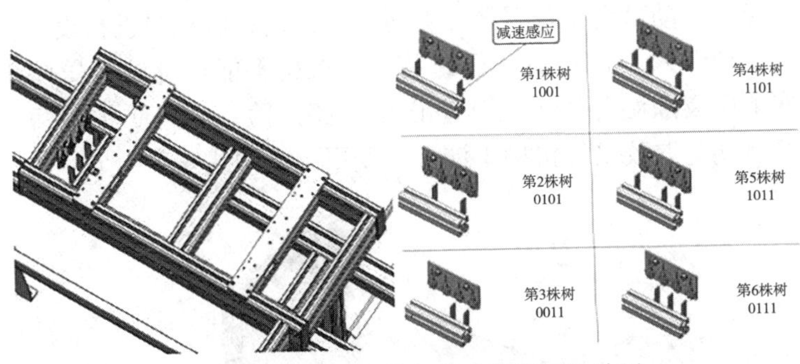

图 4-16　水平行走架的定位装置设计图

水平行走架的驱动装置由 2 组同步带进行驱动，能在运行的工况下，保证水平行走架水平行走过程中不发生偏摆，降低导向轮组对型材的定位要求；驱动电机带刹车，在断电停止的状态下，能保持位置不偏移；通过皮带张紧机构可适当调整皮带松紧，保证皮带运行过程中不发生跳齿；左右两侧的驱动同步带轮，采用胀套安装，可调节左右位置平衡。水平行走架的驱动装置设计图如图 4-17 所示。

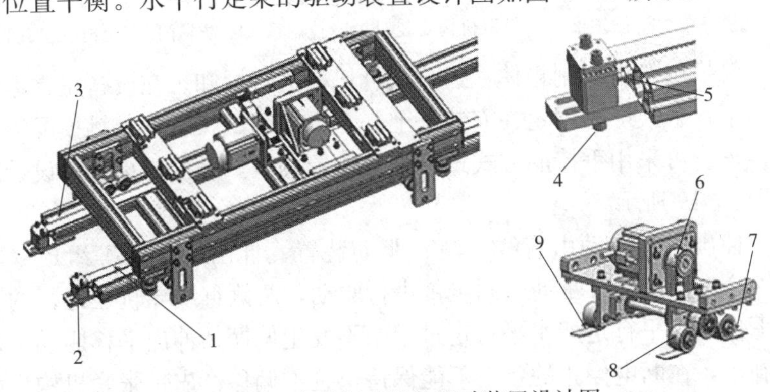

图 4-17　水平行走架的驱动装置设计图

1、7. 驱动皮带 1　2. 皮带张紧机构　3、9. 驱动皮带 2
4. 锁紧螺栓　5. 张紧螺栓　6. 驱动电机　8. 转向被动轮

（四）伸出平移模块

伸出平移模块包括防护罩、触摸屏箱、伸出平移驱动、防护门、控制箱、钻取机构安装架等（图 4－18）。伸出平移模块采用 86 系列带刹车步进电机驱动，驱动组由同步带轮与同步带组成，伸出由 HIWIN 直线导轨实现导向。导轨和滑块采用倒装方式安装，即滑块不动、导轨移动。设备位置及相关逻辑动作通过触摸屏进行设置。机架四周及顶部采用铝塑板进行封装。此机构不能保证防护罩防水性能，在下雨及潮湿环境下需注意设备短路危险。侧边防护门暂定对开，若后期与取胶泵等机构干涉，则变更为拆卸式安装。

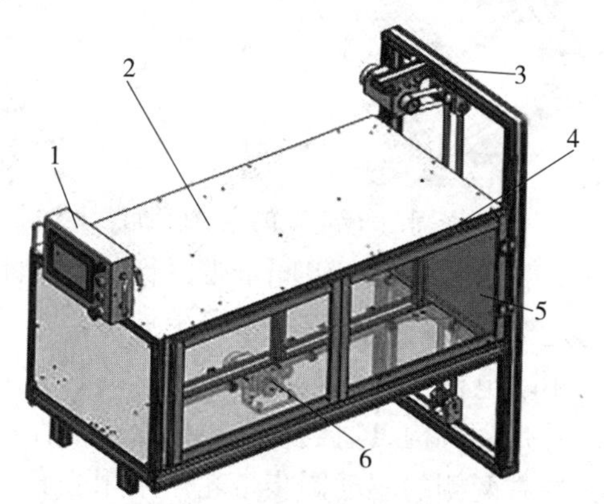

图 4－18　伸出平移模块设计图

1. 触摸屏箱　2. 防护罩　3. 钻取机构安装架　4. 控制箱　5. 防护门　6. 伸出平移驱动

触摸屏箱为铝制箱体，通过快拆机构进行拆卸。在设备正常运行状态下，触摸屏箱固定在安装杆上。在设备调试状态下，触摸屏箱可以拆下。可采用手持的方式进行设备位置调试。触摸屏箱箱体设计图如图 4－19 所示。

伸出平移驱动由直线导轨、驱动装置、伸出平移架等组成（图 4－20）。伸出平移驱动由同步带进行驱动，两侧直线导轨在运行的工况下保证水平行走架水平行走过程中不发生偏摆；伸出平移驱动电机带刹车，在断电停止的状态下能保持位置不偏移；皮带张紧机构，可适当调整皮带松紧，保证皮带运行过程中不发生跳齿；左右两侧的驱动同步带轮采用胀套安装，可调节左右位置平衡；驱动装置安装在水平行走架底部的 3060 型材上。

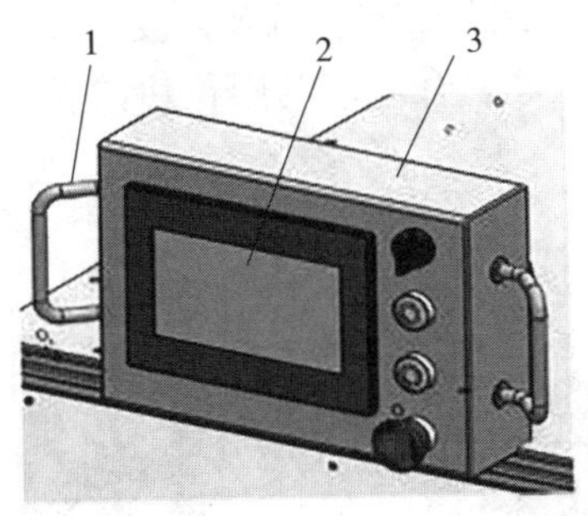

图 4-19 触摸屏箱箱体设计图

1. 手持把手 2. 触摸屏 3. 铝制箱体 4. 快拆机构 5. 安装杆

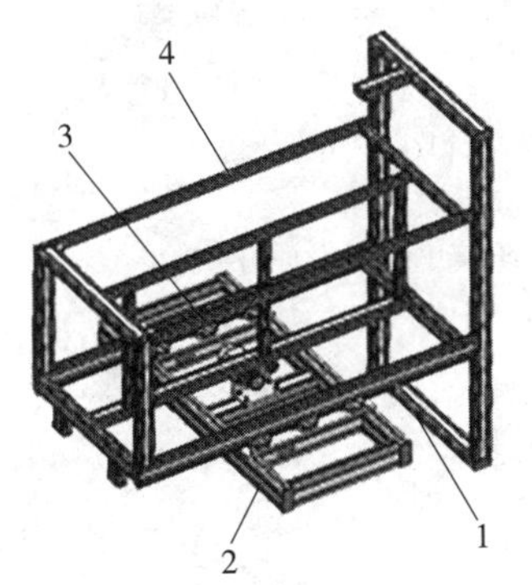

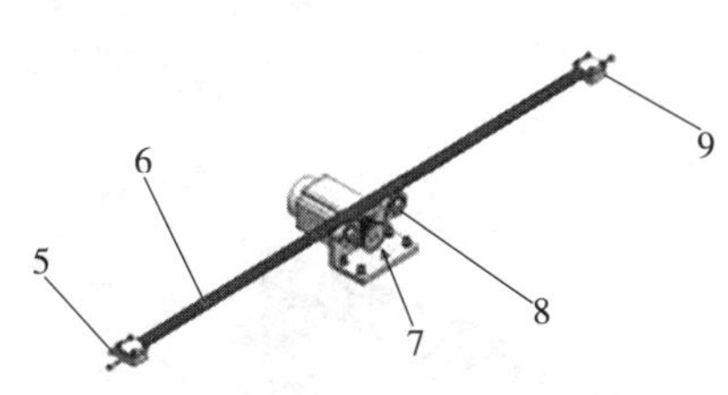

图 4-20 伸出平移驱动设计图

1. 直线导轨 2. 水平行走架 3. 驱动装置 4. 伸出平移架
5、9. 皮带张紧机构 6. 传动皮带 7. 伸出平移驱动电机 8. 转向轮

(五) 竖直升降模块

竖直升降模块由升降座、可调安装架、伸出平移架、皮带传动机构等组成（图 4-21）。升降电机及皮带安装在伸出平移架前端的型材上，可调安装架可以在伸出平移架前端的型材上自由调节位置，实现对不同高度橡胶树的针刺采集，目前机构可调高度为 0～580mm；升降座在可调安装架上靠直线导轨导向，由皮带传动机构传动动力；升降座连接皮带处的上下聚氨酯块作为升降座上下限位。

升降座可上下升降的高度为 370mm，可满足单次钻取 300mm 高度。限位块安装在升降座上，可限制升降座上下位置，防止升降座脱离底部支架。限位块可在整体通过高度调节安装孔调节高度后，依然能保证升降座上下升降高度 370mm 限位。升降座与限位块的设计图如图 4-22 所示。

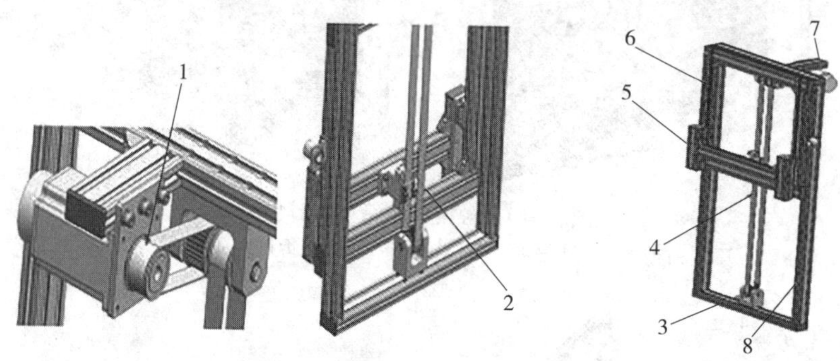

图 4-21 竖直升降模块设计图

1. 皮带传动机构 2. 限位块 3. 张紧装置
4. 传动皮带 5. 升降座 6. 可调安装架 7. 升降电机 8. 伸出平移架

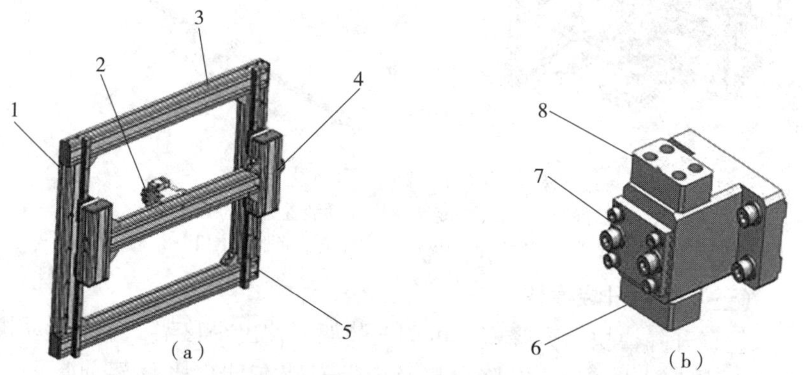

图 4-22 升降座与限位块的设计图

(a) 升降座 (b) 限位块

1. 高度调节安装孔 2. 传动皮带座 3. 升降电机 4. 升降座
5. 直线导轨 6、8. 限位块 7. 同步带压板

（六）环形平台

环形平台由环形轨道平台和升降支架模块组成（图 4-23）。上面安装有钻取机构，滴氨水、吸胶机构（图 4-24）。钻取机构通过齿轮

组传动、环形导轨导向实现位置变换。

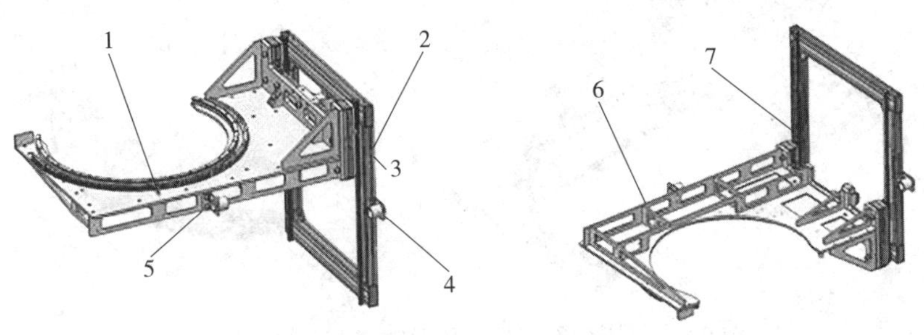

图 4-23 环形平台设计图

1、6. 环形轨道平台 2. 可调安装架 3. 升降座 4、5. 波纹管接口 7. 波纹管接头

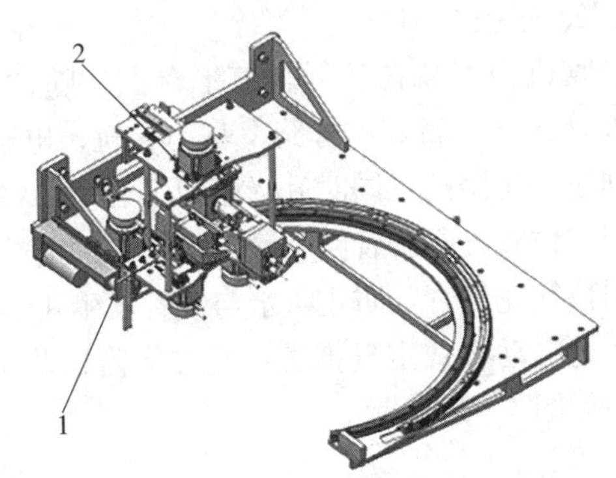

图 4-24 安装在环形平台上的机构

1. 滴氨水、吸胶机构 2. 钻取机构

环形导轨采用 THK-HCR 系列 4 段拼接 240°；齿条采用分段设计，选择 MI 模数，DIN5 级精度。

环形轨道平台采用铝板拼接，底部筋板采用轻量化设计，减轻整体质量。环形轨道平台安装在升降座上。环形平台上的线缆汇集成一束，通过保温管走线；波纹管可以起到拖链的作用。环形轨道平台反向安装时，即可实现圆形另一半橡胶树的钻孔取胶功能；环形轨道平台翻转后，可调安装架上的波纹管接头移动到另外一侧安装。限位安装板与环形轨道平台的设计图如图 4-25 所示。

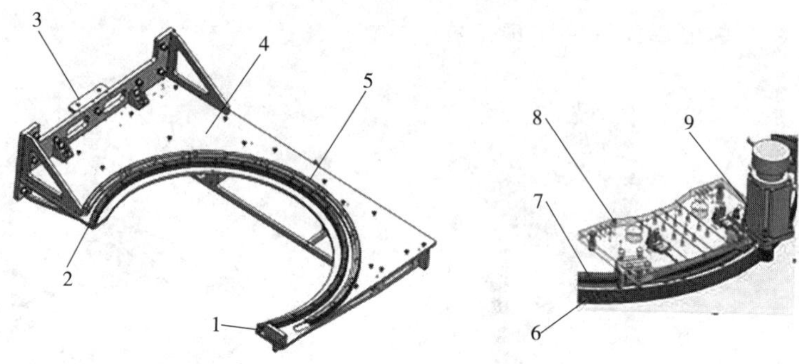

图 4-25　限位安装板与环形轨道平台的设计图

1. 限位板　2、7. 环形导轨　3. 限位安装板

4. 环形轨道平台　5、6. 外齿轮　8. 钻取平台　9. 旋转驱动

（七）滴氨水、吸胶机构

滴氨水、吸胶机构安装在环形轨道平台上，随钻取机构一同移动。该机构由吸胶管路、滴氨水管路、驱动导轨、电动推杆等组成。电动推杆向前推送一定距离，同时升降座向下运动，将吸胶管路和滴氨水管路送至指定位置；吸胶管路和滴氨水管路的前端管道采用不锈钢管，后端采用特氟龙气管，防止氨水与气管发生化学反应；氨水存储于针管内，通过电动方式定量推送，此方案需试验确认。滴氨水、吸胶机构设计图如图 4-26 所示。

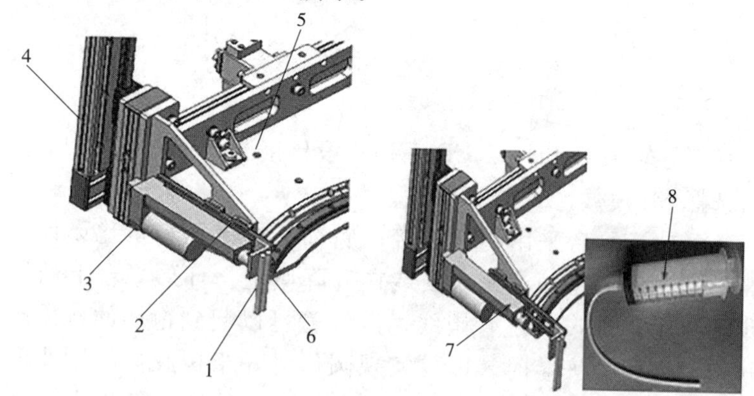

图 4-26　滴氨水、吸胶机构设计图

1. 吸胶管路　2. 驱动导轨　3. 电动推杆　4. 升降座

5. 环形轨道平台　6. 滴氨水管路　7. 电动推杆伸出状态　8. 氨水推送针管

(八) 钻取胶乳机构

钻取胶乳机构由钻取平台、钻取右、钻取左、树皮铣平机构等组成（图 4-27）；钻取胶乳机构由齿轮齿条驱动前后运动；钻取、铣平机构前后驱动电机采用带刹车步进电机，可保证在运行及静止状态下，机构保持固定；钻取、铣平旋转驱动电机采用步进电机，在运行中可进行速度调整。

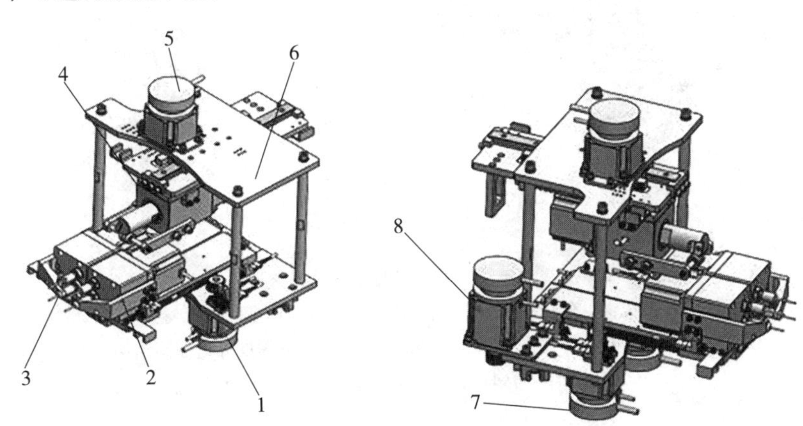

图 4-27 钻取胶乳机构设计图

1. 钻取驱动右 2、8. 钻取右 3. 钻取左 4. 树皮铣平机构 5. 铣平机构 6. 钻取平台 7. 钻取驱动左

(九) 前后极限位和钻取限位装置

前后极限位用于避免前后驱动电机发生碰撞过载。机械限位可限制移动台脱离底部安装板；原点位为钻取每次出发及返回位置；钻取深度为触碰杆与树接触时触发的前进行程。在不受外力的情况下，触碰杆始终处于伸出状态。前后极限位设计图、钻头设计图、钻取限位装置设计图分别如图 4-28 至图 4-30 所示。

(十) 铣削机构

伸出缩回驱动将铣削机构向前移动，在铣削机构脱离原点位时铣削电机启动。触碰轮接触树皮后，伸出缩回驱动继续向前移动至铣削检测位，再继续移动设定距离。升降机构将环形平台整体上下移动，进行切削。在上下移动过程中，由于树的倾斜，铣削轴会前后移动：当触碰铣削检测位时，伸出缩回驱动继续向前移动设定距离；当触碰

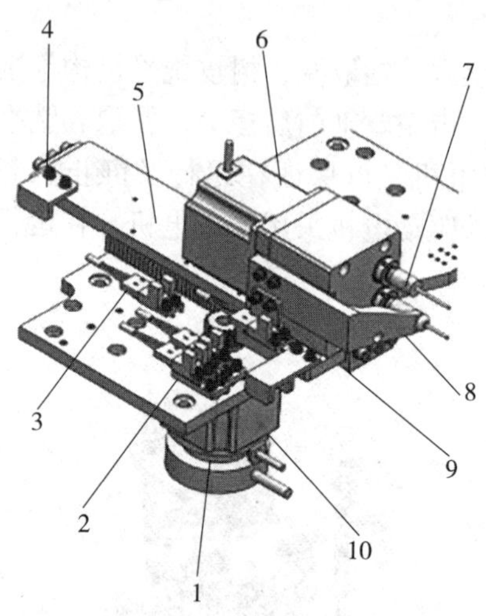

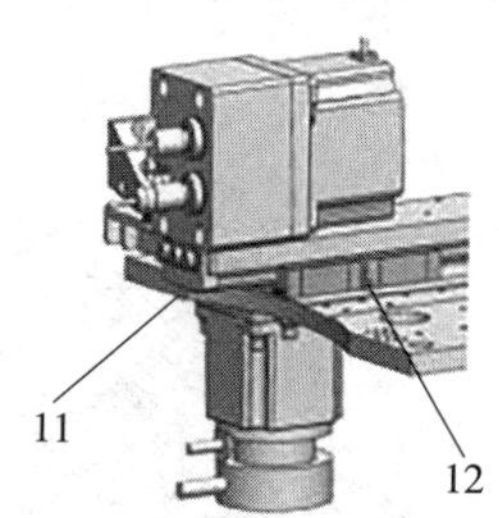

图 4-28 前后极限位设计图

1. 原点位 2. 前极限位 3. 后极限位 4. 开关检测板 5. 移动台 6. 旋转驱动 7. 平头铣刀 8. 触碰杆 9. 钻取深度计量控制结构 10. 钻取驱动 11. 机械限位 12. 直线导轨

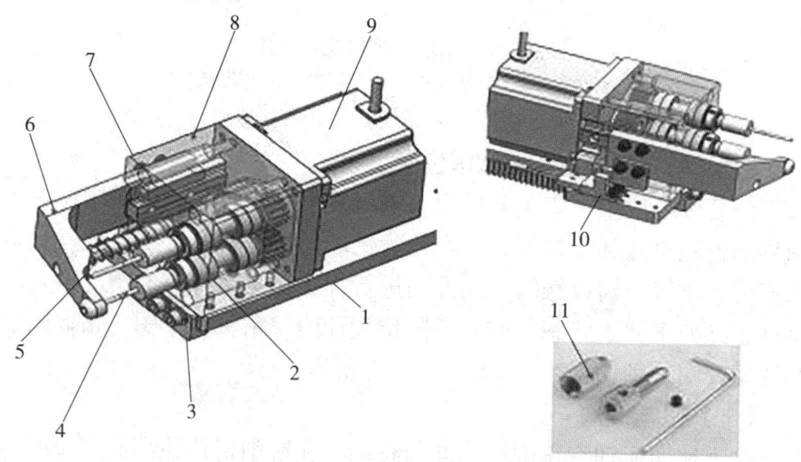

图 4-29 钻头设计图

1. 齿轮组 2. 轴承 3. 驱动轴 4. 铣刀 5. 复位弹簧 6. 触碰杆 7. 触碰杆导轨 8. 齿轮箱 9. 旋转驱动 10. 钻取深度控制位 11. 黄铜钻夹

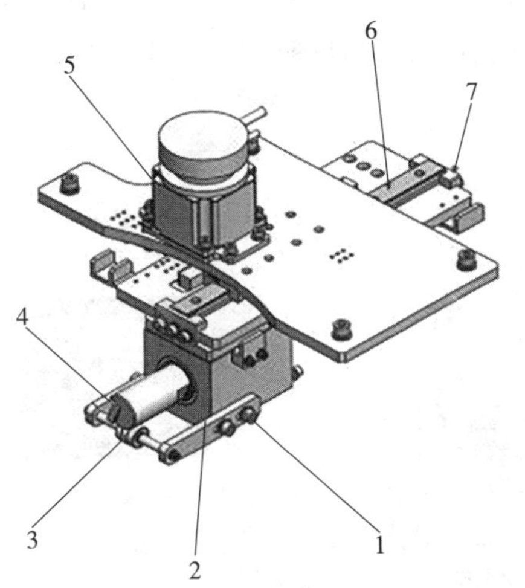

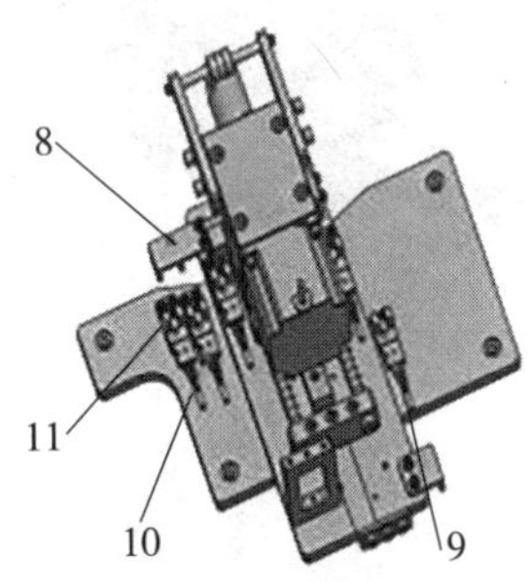

图 4-30　钻取限位装置设计图

1. 间隙调节位　2. 驱动箱　3. 触碰轮　4. 铣刀　5. 钻取驱动　6. 前后驱动导轨　7. 机械限位　8. 开关检测板　9. 后极限位　10. 原点位　11. 前极限位

铣削限位时，伸出缩回驱动继续向后移动设定距离。复位弹簧保证触碰轮始终与树表面接触。铣削机构设计图如图 4-31 所示。

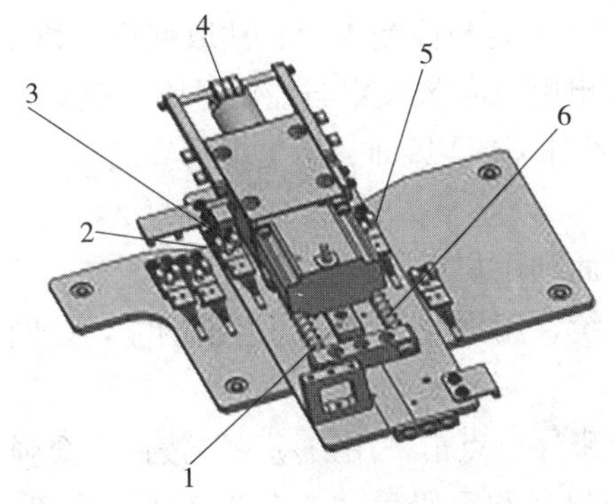

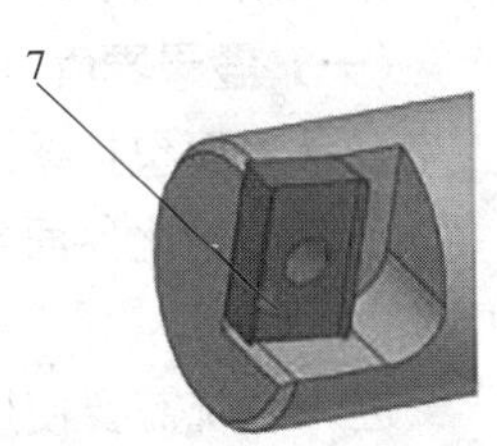

图 4-31　铣削机构设计图

1. 触碰轮导轨　2. 铣削电机　3. 铣削检测位　4. 触碰轮　5. 铣削限位　6. 复位弹簧　7. 铣刀

（十一）刷胶毛刷

在切削后，刷胶毛刷进行同步刷机。毛刷采用中间自动出胶毛刷，乙烯利刺激剂置于针管内，通过电动方式推送针管，实现将乙烯利刺激剂定量送至刷胶毛刷内。刷胶毛刷设计图如图 4-32 所示。

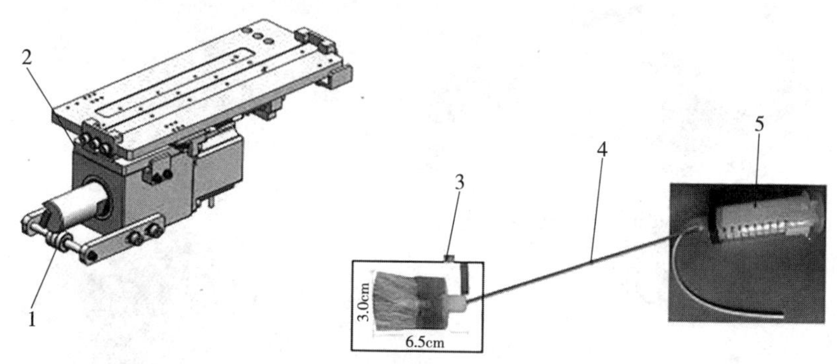

图 4-32　刷胶毛刷设计图

1. 触碰轮　2、3. 刷胶毛刷　4. 气管　5. 针管

三、软件操作系统界面设计

地轨移动式全自动针刺采胶机系统主要包括登录界面、系统自动运行界面、行走电机参数设定与控制界面、水平推送电机参数设定与控制界面、垂直电机参数设定与控制界面、环形驱动电机参数设定与控制界面、钻取伸出电机 1 的参数设定与控制界面、钻取伸出电机 2 的参数设定与控制界面、铣削伸出电机参数设定与控制界面、电动推杆动作控制界面、IO 监控界面-本体 CPU 界面、历史报警界面等。

（一）登录界面

登录界面包括系统初始化界面和用户登录界面。

系统初始化界面包括进入系统、用户登录、用户退出功能，如图 4-33 所示。

进入系统需要使用用户登录账号。点击“用户登录”按钮，会弹出用户登录界面。输入正确的用户名和密码后，点击“确认”按钮，即可关闭用户登录界面。当不用或暂停使用设备时，点击“用户登出”按钮，将退出登录。用户登录界面如图 4-34 所示。

（二）系统自动运行界面

登录账号后，点击“进入系统”按钮，即可打开系统自动运行界

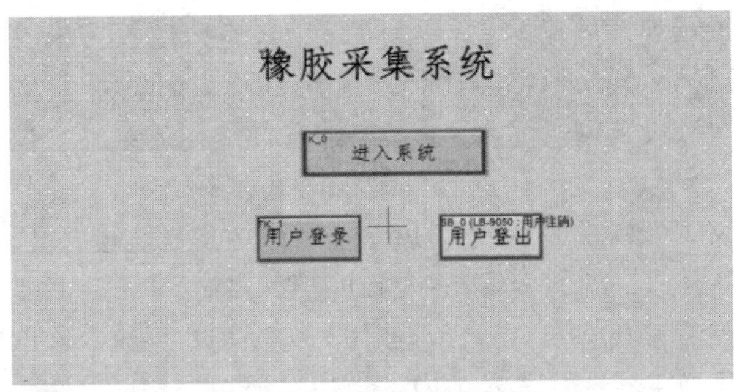

图 4-33　系统初始化界面

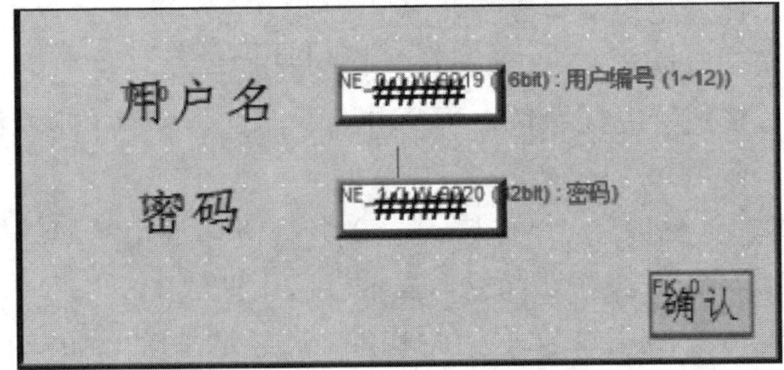

图 4-34　用户登录界面

面。系统自动运行界面包括位置选择、环形次数设置、垂直次数设置、单株树自动流程、多株树自动流程、初始化流程、钻取 1、钻取 2、不削树皮、单株树等模块（图 4-35）。

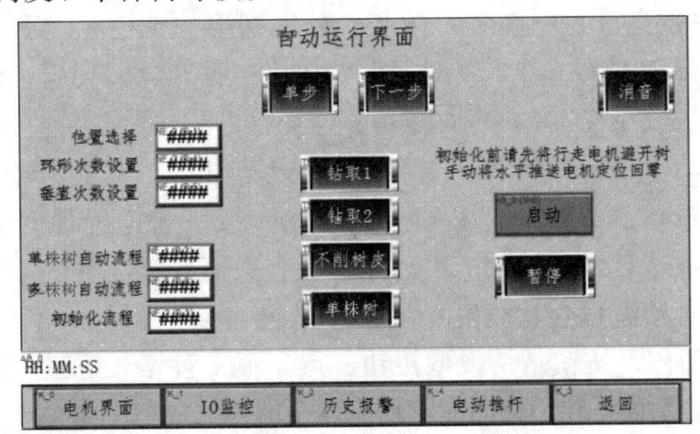

图 4-35　系统自动运行界面

在系统自动运行界面上，可以根据采胶需求，进行采胶动作设置。具体包括：

①位置选择，可输入1、2，即选择去哪株橡胶树采胶；环形次数设置，可输入1～11，即让环形电机自动去树的某个角度进行工作；垂直次数设置，可输入1～10，即选择从树的第几个位置开始打孔，注意如果设置为1，系统就默认需要削树皮，界面上“不削树皮”会变为“削树皮”，大于1就不需要削树皮，直接打孔。

②单株树自动流程、多株树自动流程及初始化流程只是显示系统当前的采胶流程状态，只做显示使用，方便检查系统存在的问题。

③单步及下一步。自动的时候可以选择单步，即系统每次只执行一个动作，比如单株树自动流程从10到20就停止了，点击下一步，流程才会从20进行到30。“单步”按钮是切换型的按钮，单击即可选中单步，按钮会变成绿色，再单击一下，就会取消单步，按钮变成初始颜色（蓝色）。

④钻取1、钻取2、单株树。这3个按钮都是切换型的按钮，比如点下“钻取1”，按钮变绿色，表示已启用钻取1，再点一下，按钮变蓝色，表示不启用钻取1。单株树模式，是系统只做一株树的采集，从位置选择、环形次数及垂直次数开始，一直采集到最后一个角度最后一个打孔位置结束。一般这种模式只作为展示用。点一下“单株树”按钮，按钮会变成蓝色且显示“多株树”。多株树模式，是正常的一个工作流程，比如位置选择为1，环形次数为1，垂直次数为1，设备将根据设置的参数，按照“行走到第一株树、对第一株树进行钻孔、行走到第二株树、对第二株树进行钻孔、回到起始位置”的顺序进行采胶工作。

⑤自动流程开始之前，先确保设备是避开树的位置，要手动将水平推送电机移回原点，然后再自动启动，按下触摸屏界面上的“启动”按钮，这时候初始化的自动流程会有数值变化，然后单株树或者多株树的自动流程会有数值变化。

⑥“暂停”按钮是切换型按钮。点一下“暂停”按钮，按钮会变成绿色，表示设备在做完当前流程之后会暂停，如需继续动作，需再点一下“暂停”按钮，按钮变成初始的蓝色，设备又恢复自动运行状态。

⑦界面最下面的一排按钮的上面，是设备实时报警状态栏，如果系统有故障，这里会显示相应的报警信息。

⑧界面最下面的一排按钮是画面切换按钮，详细内容后面会做具体说明。

（三）行走电机参数设定与控制界面

行走电机参数设定与控制界面包括速度反馈、自动速度设定、手动速度设定、位置反馈、位置 1 避让、位置 2 避让、位置选择等参数，还包括回原点、前进、定位、定位回零、返回、停止等动作按钮（图 4－36）。

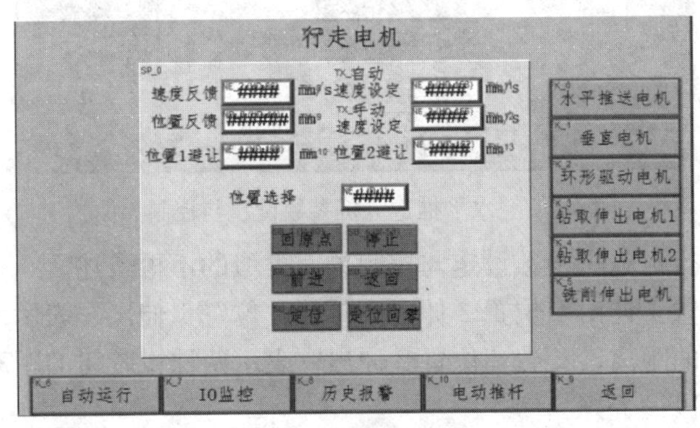

图 4－36　行走电机参数设定与控制界面

①速度反馈及位置反馈，用来显示电机当前的速度及位置；手动速度设定及自动速度设定，用来输入相应的值，电机会以设定的值来运转。

②位置 1 避让及位置 2 避让。这两个值是为了避让橡胶树以顺利进行水平推送电机的伸缩动作，需要在调试阶段设置好。

③位置选择与系统自动运行界面的一样，不再赘述。

④手动模式下，点一下“回原点”按钮，行走电机会执行回原点的命令（设备断电之后，所有电机都需要回原点，不然脉冲会不准）；点住“前进”“返回”按钮，电机会以设定的手动速度进行正转和反转，这两个按钮是按住，电机运转，松开，电机停止；点一下“定位”按钮，电机会以设定的自动速度走设定的位置，这个位置是上面位置避让设定的值，比如本来设备在开关停止的位置，避让位置是 100mm，点一下“定位”按钮，电机会从当前位置向前行走 100mm；点一下“定位回零”按钮，电机会走到零位开关的位置。

（四）水平推送电机参数设定与控制界面

水平推送电机参数设定与控制界面如图 4－37 所示。

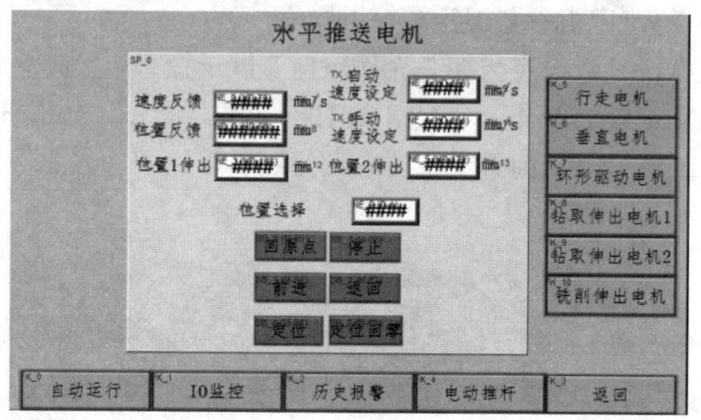

图 4－37　水平推送电机参数设定与控制界面

①与行走电机参数设定与控制界面类似的不再赘述。

②位置 1 伸出及位置 2 伸出。参数“位置 1 伸出”表示采胶机构与橡胶树的距离，参数“位置 2 伸出”表示两株橡胶树的距离，需要在调试阶段设置好。

（五）垂直电机参数设定与控制界面

垂直电机参数设定与控制界面如图 4－38 所示。

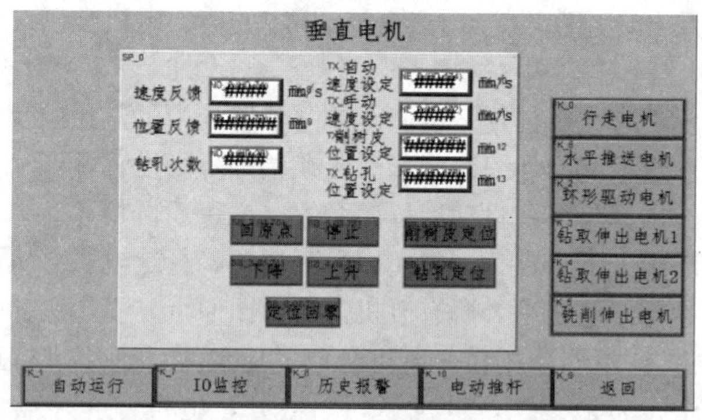

图 4－38　垂直电机参数设定与控制界面

①与前面类似的不再赘述。

②削树皮位置设定。值需要在调试阶段设置好。这个位置是指零位与电机下降至能够铣削树皮的位置之间的距离。

③钻孔位置设定。值需要在调试阶段设置好。这个位置是指垂直电机带动钻取伸出电机钻孔，两个孔之间的距离。

④钻孔次数。用来显示当前角度已钻孔次数。注意：钻孔位置设定×（钻孔次数－1）≤削树皮位置设定。系统默认钻孔次数为 10。

⑤手动操作时，回原点、下降、上升、定位回零、削树皮定位、钻孔定位的动作操作，均需要一直按住相应按钮，直到动作完成后才能松开。

（六）环形驱动电机参数设定与控制界面

环形驱动电机参数设定与控制界面如图 4－39 所示。

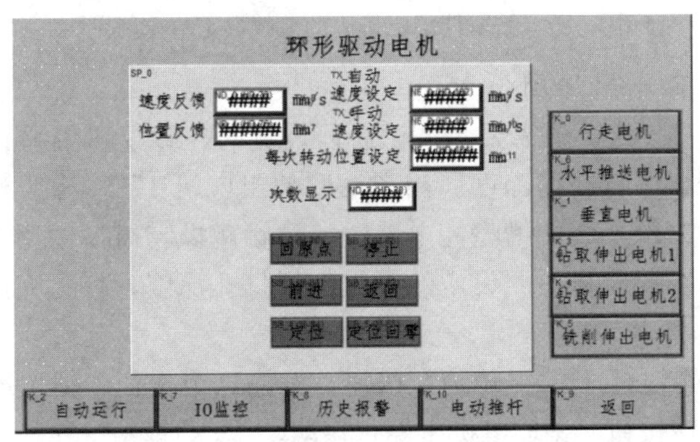

图 4－39　环形驱动电机参数设定与控制界面

①与前面类似的不再赘述。

②每次转动位置设定。值需要在调试阶段设置好。这个位置是指环形驱动电机转动的角度。通过设置位置参数，可以实现从不同方位对橡胶树进行采胶。

③次数显示。用来显示环形驱动电机已经转动的次数。注意：每次转动位置设定×（次数显示－1）≤环形驱动电机终点位置。环形驱动电机转动的次数默认是 11 次。如果设定的位置偏大，导致环形驱动电机碰到正极限，设备会报警，动作将会自动取消，此时，根据报警记录进行复位操作，设置到手动，将环形驱动电机反向转动离开极限位。

（七）钻取伸出电机 1 的参数设定与控制界面

钻取伸出电机 1 的参数设定与控制界面如图 4－40 所示。

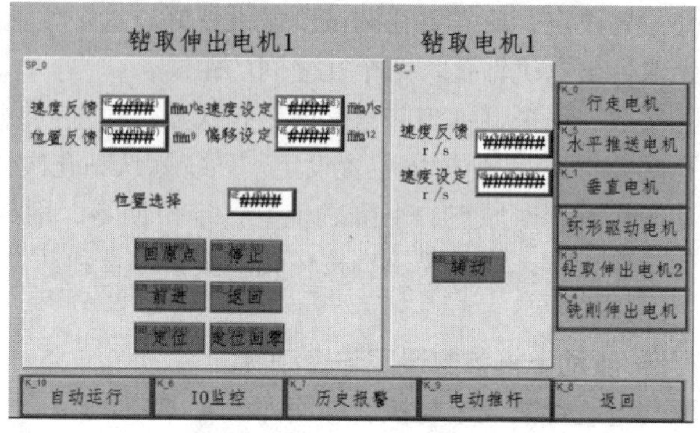

图 4-40 钻取伸出电机 1 的参数设定与控制界面

①与前面类似的不再赘述。

②偏移设定。值需要在调试阶段设置好。参数“偏移设定”代表往橡胶树里打孔的深度。当“钻取伸出电机 1”往橡胶树的方向伸出时，末端安装的槽型光电装置一旦触碰橡胶树，槽型光电就会亮灯提示，此时将按照设定的参数控制打孔深度，打孔完成后，电机复位。

③钻取电机 1 的“转动”按钮。按住这个按钮，钻取电机 1 转动；松开该按钮，钻取电机 1 停止转动。

（八）钻取伸出电机 2 的参数设定与控制界面

钻取伸出电机 2 的参数设定与控制界面如图 4-41 所示。与钻取伸出电机 1 类似，不再赘述。

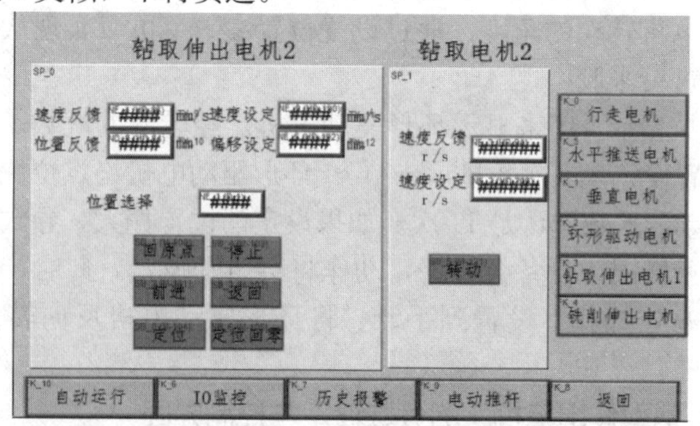

图 4-41 钻取伸出电机 2 的参数设定与控制界面

(九) 铣削伸出电机参数设定与控制界面

铣削伸出电机参数设定与控制界面如图 4－42 所示。与钻取伸出电机 1 类似，不再赘述。

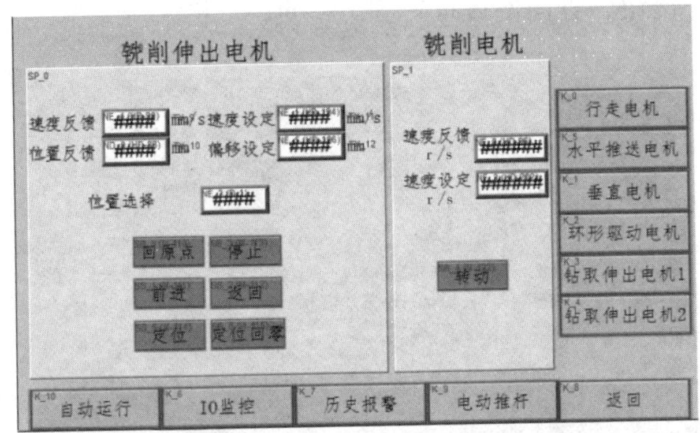

图 4－42　铣削伸出电机参数设定与控制界面

(十) 电动推杆动作控制界面

电动推杆动作控制界面如图 4－43 所示。

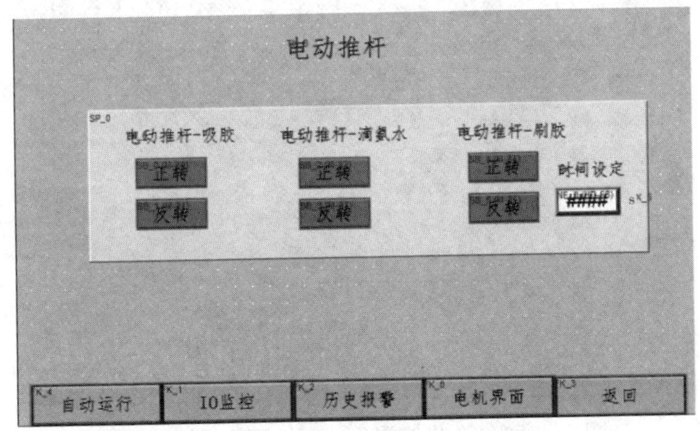

图 4－43　电动推杆动作控制界面

①正转、反转。按住“正转”按钮，电动推杆往前伸出；松开按钮，电动推杆停止。按住“反转”按钮，电动推杆往回运动；松开按钮，电动推杆停止。

②时间设定。需要在调试阶段设好值。指每次电动推杆伸出的时间，比如设定了 2s，那么电动推杆在往前伸出 2s 后停止运动。

（十一）IO 监控界面-本体 CPU 界面

图 4-44 和图 4-45 所示界面上显示的是 CPU 本体上的数字量输入的点，用于出现问题时查询。“下一页”按钮用于切换页面。点击“下一页”按钮，界面便可跳转到下一页。

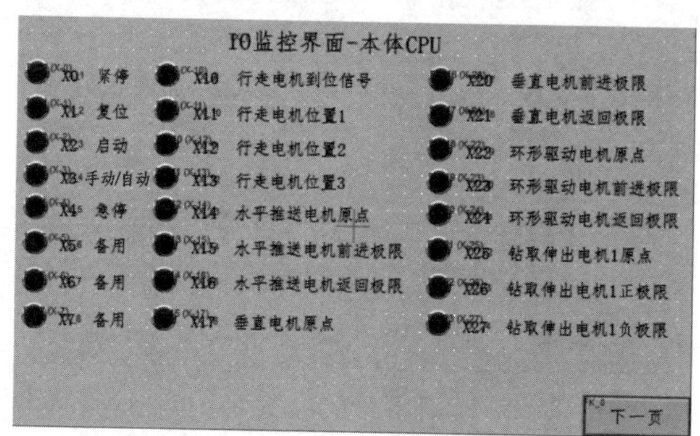

图 4-44 IO 监控界面-本体 CPU 界面（1）

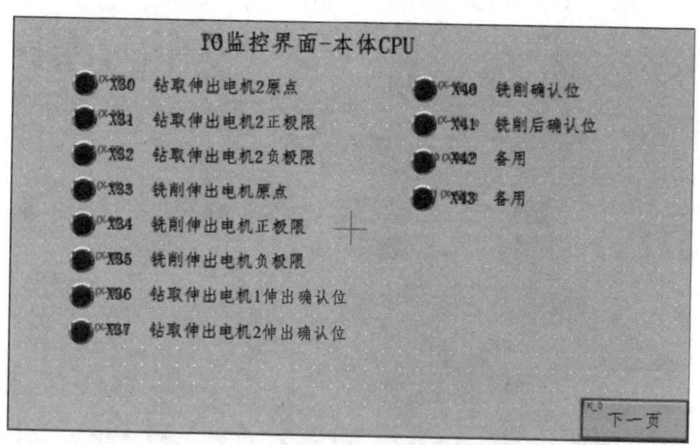

图 4-45 IO 监控界面-本体 CPU 界面（2）

图 4-46 所示界面上显示的是 CPU 本体上的数字量输出的点。

图 4-47 所示界面上显示的是 CPU 的扩展模块，即 MA 模块，与 CPU 通过 485 进行通信。点击“返回”，返回到系统自动运行界面。

（十二）历史报警界面

历史报警界面（图 4-48）用于查询设备的历史报警记录。

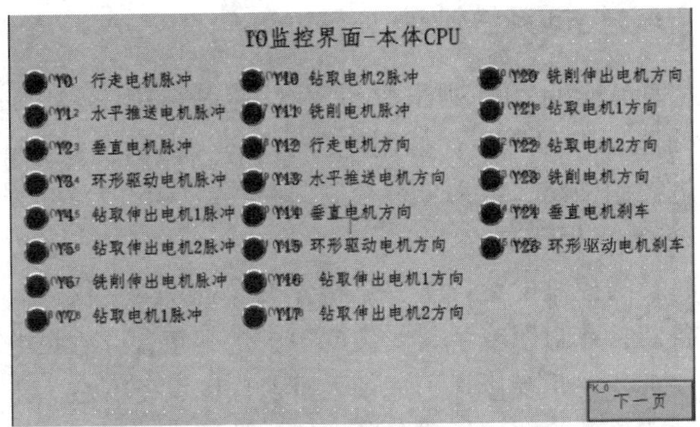

图 4-46　IO 监控界面-本体 CPU 界面（3）

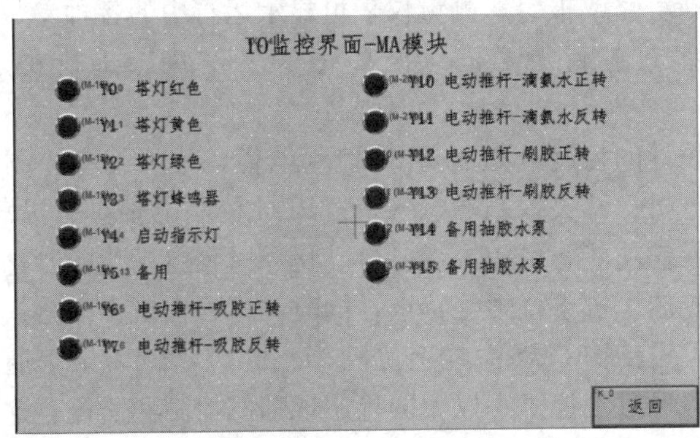

图 4-47　IO 监控界面-本体 CPU 界面（4）

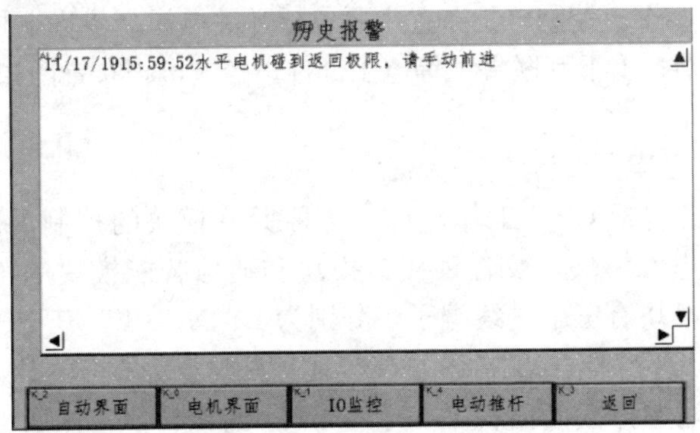

图 4-48　历史报警界面

四、PLC 控制系统设计

地轨移动式全自动针刺采胶机 PLC 控制系统主要由控制电柜、总电源、插座、冷却风扇、控制电源、PLC 配置、PLC 输入、PLC 输出、步进控制回路、电动推杆控制回路等组成。

（一）控制电柜布置

这里布置的控制电柜，主要是将开关设备、测量仪表、保护电器和辅助设备装备在封闭或半封闭金属柜中。其布置应满足电力系统正常运行的要求，便于检修，不危及人身及周围设备安全。正常运行时可借助手动或自动开关接通或分断电路。故障或不正常运行时借助保护电器切断电路或报警。测量仪表可显示运行中的各种参数，还可对某些电气参数进行调整，对偏离正常工作状态进行提示或发出信号。

这里设计的控制电柜为 PLC 控制电柜，是可编程控制电柜，也是可实现电机、开关控制的电气柜。PLC 控制电柜具有过载、短路、缺相等的保护功能，可完成设备自动化和过程自动化控制，具有性能稳定、可扩展、抗干扰强等特点，同时，搭配人机界面触摸屏，能够轻松操作，可传输 DCS 总线上位机 Modbus、Profibus 等通信协议的数据，可以通过工控机、以太网等实现动态控制和监控。这里设计的控制电柜供电采用进线电缆，电源为 220V（AC），控制电压为 AC 220V/DC 24V。控制电柜布置主要包括开关电源、步进电机控制器、中间继电器、上下互联端子等电子部件。控制电柜布置图如图 4-49、图 4-50 所示。

（二）总电源设计

总电源包括 CPU 工作电源，各种 I/O 模块的控制回路工作电源，PLC 电源模块，及各种接口模块和通信智能模块的工作电源。PLC 电源模块有三个进线端子，分别为 L、N、PE，其中 L 和 N 为交流 220V 进线端子，PE 为系统接地，并与机壳相连。PLC 电源模块的接地端选择截面面积不小于 $10mm^2$ 的铜导体，并尽可能接地，同时要与交流稳压器、UPS 电源（不间断电源）、隔离变压器、系统接地相连。总电源设计图如图 4-51 所示。

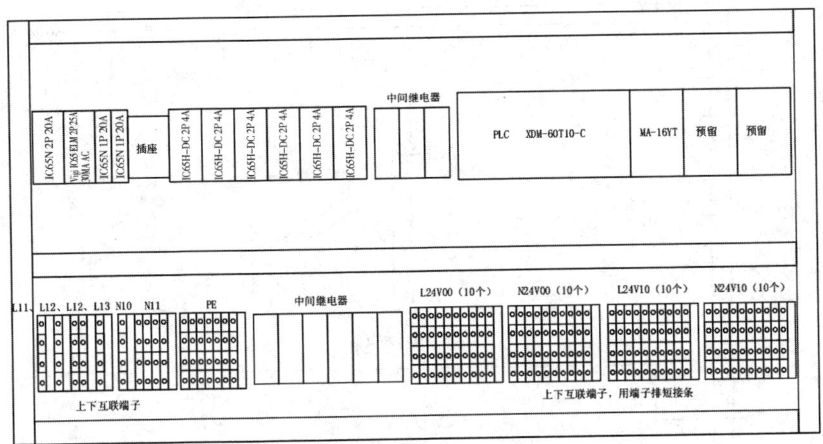

图 4-49　控制电柜布置图 1

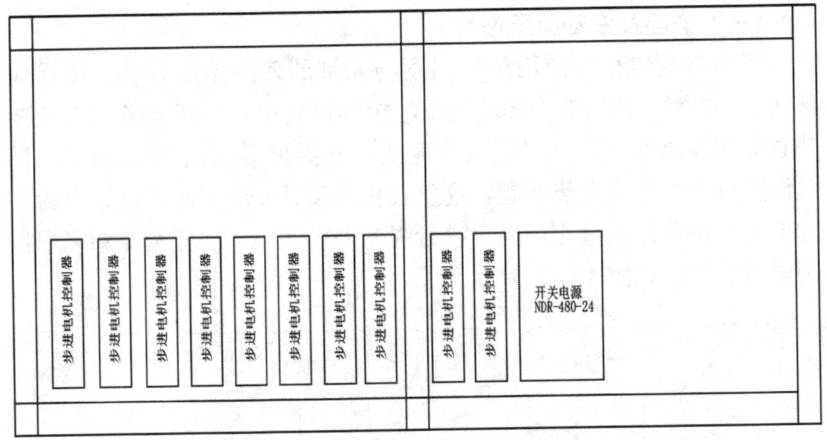

图 4-50　控制电柜布置图 2

总电源的输入电压为 220V 交流；总电源的输出功率大于 CPU 工作电源、各种 I/O 模块的控制回路工作电源等模块的消耗功率之和，且留有约 30%的余量。扩展单元中的电源模块若有智能模块、故障报警模块等，则均按各自的供电范围确定其输出功率。总电源的输入电压是通过接线端子与供电电源相连，输入电压通过总线插座与可编程控制器 CPU 的总线相连。

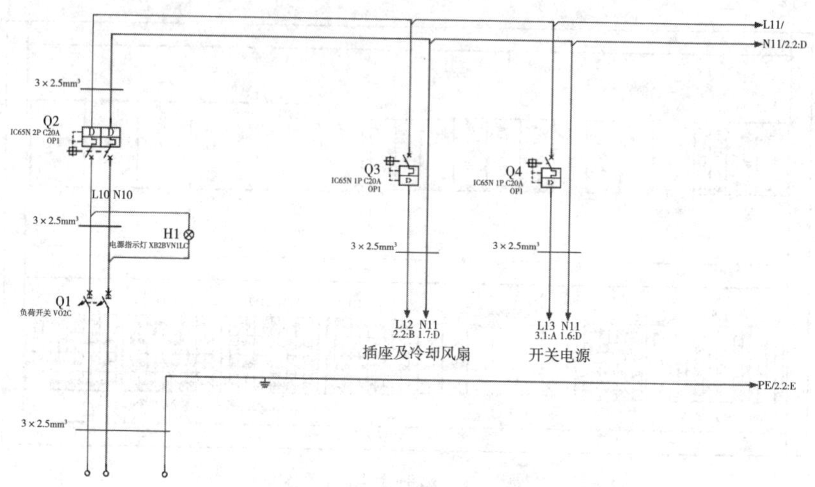

图 4-51　总电源设计图

（三）插座及冷却风扇设计

PLC 控制电柜的使用环境温度与元件的使用温度有关，通常应该在 5～40℃。在自然冷却的控制电柜等结构中，由于设备及系统要节省空间及小型化，一般柜内温度比柜外温度会高出 10～15℃。针对设置场所及柜内发热问题，这里在柜内设计安装了冷却风扇，封闭的控制电柜可以通过冷却风扇进行强制循环通风。插座及冷却风扇控制电路设计图如图 4-52 所示。

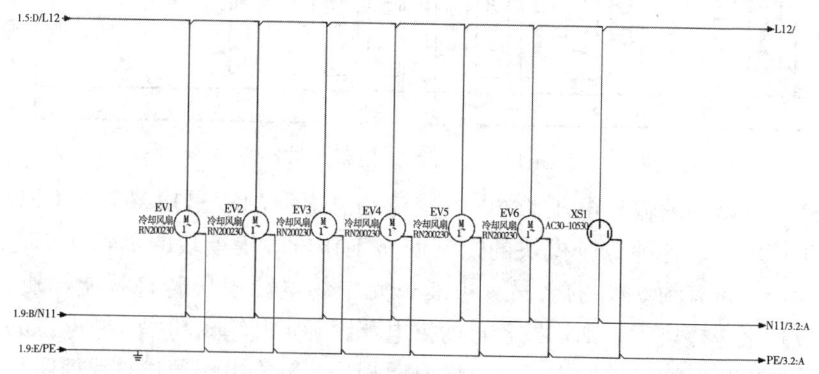

图 4-52　插座及冷却风扇控制电路设计图

（四）控制电源设计

PLC 的 CPU 模块的工作电压一般为 5V。这里使用 220V 交流电源供电。控制电源首先将 220V 交流电源转变为 24V 直流电源，再为相关部件供电。PLC 为输入电路和外部的电子传感器提供 24V 直流电源，主要为行走电机、水平推送电机、垂直电机、铣削电机、钻取伸出电机、环形驱动电机、复位指示灯等供电。控制电源设计图如图 4－53、图 4－54 所示。

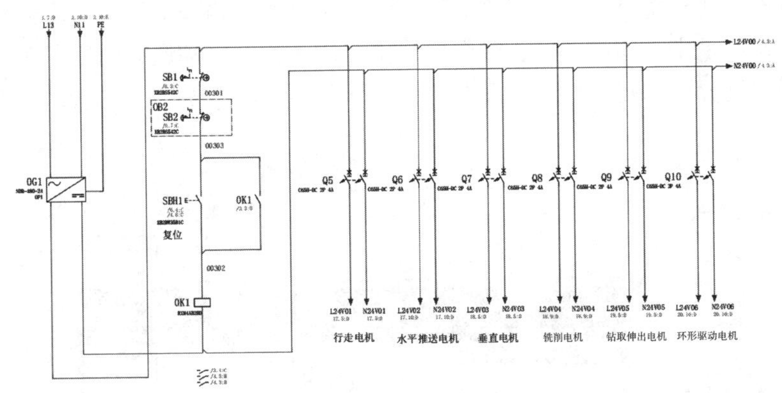

图 4－53　控制电源设计图 1

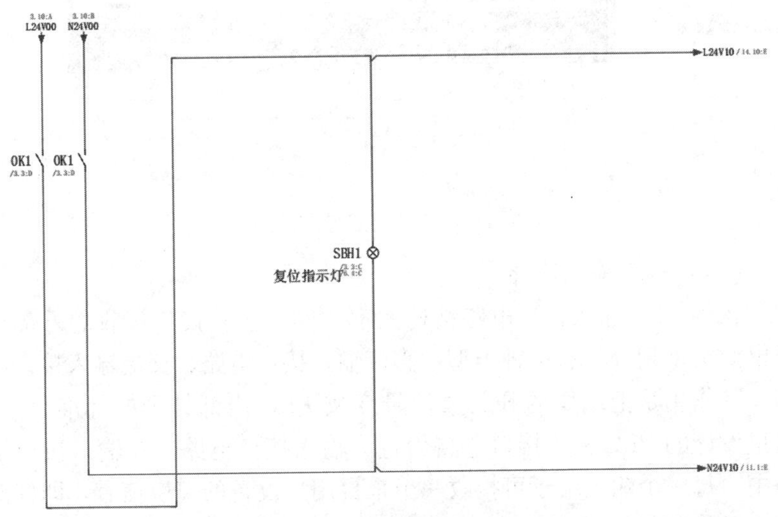

图 4－54　控制电源设计图 2

（五）PLC 配置设计

PLC 配置模块包括电源模块、中央处理模块、通信模块、32 点输入模块、8 通道 4～20mA 模拟量输入模块、C-BUS/D 网络主站模块、四通道 C-BUS/D 网络从站测温模块、16 点共地点输出模块、8 点独立输出模块、底板总线等。电源模块的作用是给 CPU、机架提供电源和给控制系统提供 24V 直流电源；中央处理模块的作用是外设端口和连接外围设备；通信模块的作用是通过通信 A 口和通信 B 口支持通信协议宏功能；输入模块的作用是连接输入信号；输出模块的作用是定义输出信号；测温模块主要用于控制冷却风扇的启停，达到控制温度的目的。PLC 配置设计图如图 4-55 所示。

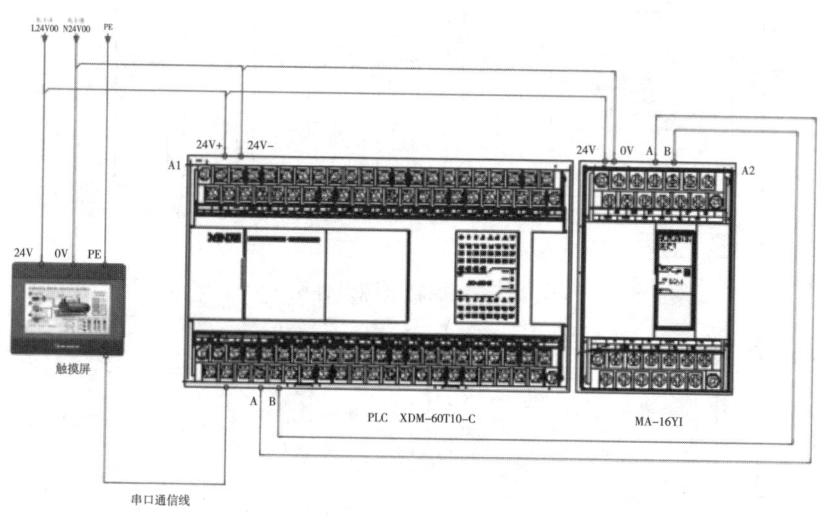

图 4-55 PLC 配置设计图

（六）PLC 输入设计

各种 PLC 输入接口电路结构大都相同，按其接口接收的外部信号电源类型划分，有两种类型：直流输入接口电路、交流输入接口电路。其作用是把现场的开关量信号变成 PLC 内部处理的标准信号。这里设计的 PLC 输入接口电路为直流输入接口电路。在输入接口电路中，每一个输入端子可接收一个来自用户设备的离散信号，即外部输入器件可以是无源触点，如按钮、行程开关等，也可以是有源器件，如各类传感器等。在 PLC 内部电源容量允许的条件下，有源输入器件可以采用 PLC 输出电源（24V）。

在直流输入接口电路中，当输入开关闭合时，光敏晶体管接收到光信号，并将接收的信号送入内部状态寄存器。即当现场开关闭合时，对应的输入映像寄存器为“1”状态，同时该输入端的发光二极管（LED）点亮；当现场开关断开时，对应的输入映像寄存器为“0”状态。光电耦合器隔离了输入电路与 PLC 内部电路的电气连接，使外部信号通过光电耦合变成内部电路能接收的标准信号。

这里设计的 PLC 输入接口电路包括紧停、复位、启动、手动/自动、急停、备用、行走电机到位信号、行走电机位置 1、行走电机位置 2、行走电机位置 3、水平推送电机原点、水平推送电机前进极限、水平推送电机返回极限、垂直电机原点、垂直电机前进极限、垂直电机返回极限、环形驱动电机原点、环形驱动电机前进极限、环形驱动电机返回极限、钻取伸出电机 1 原点、钻取伸出电机 1 正极限、钻取伸出电机 1 负极限、钻取伸出电机 2 原点、钻取伸出电机 2 正极限、钻取伸出电机 2 负极限、铣削伸出电机原点、铣削伸出电机正极限、铣削伸出电机负极限、钻取伸出电机 1 伸出确认位、钻取伸出电机 2 伸出确认位、铣削确认位、铣削后确认位等接口。PLC 输入接口电路设计如图 4-56 至图 4-60 所示。

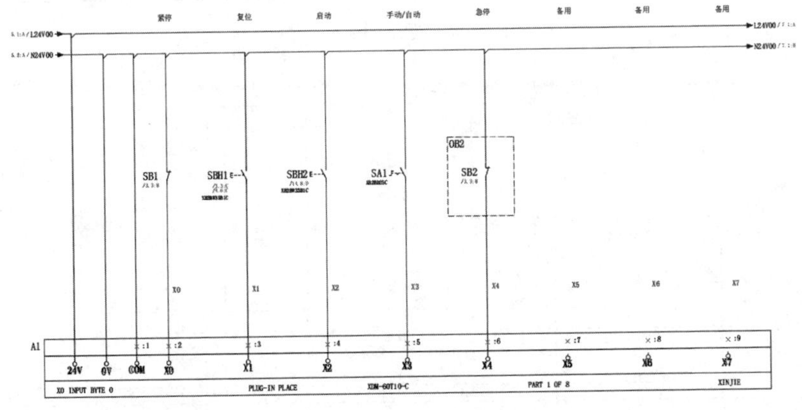

图 4-56 PLC 输入（1）

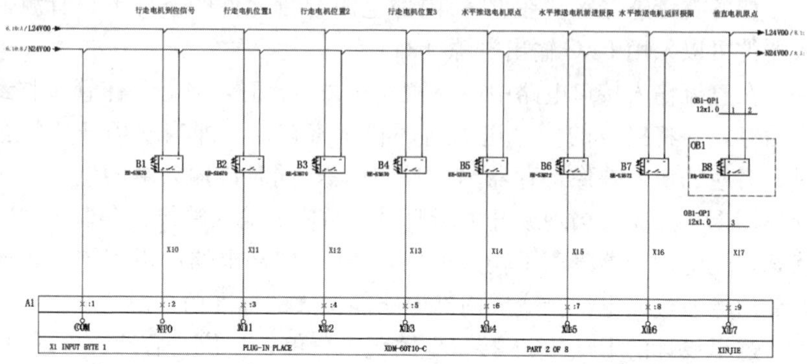

图 4-57　PLC 输入（2）

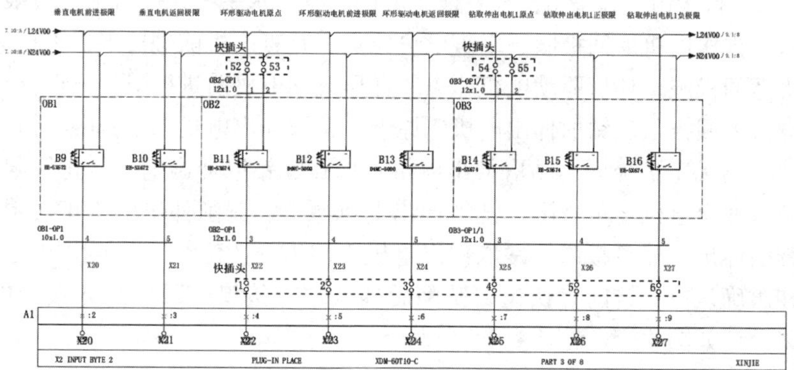

图 4-58　PLC 输入（3）

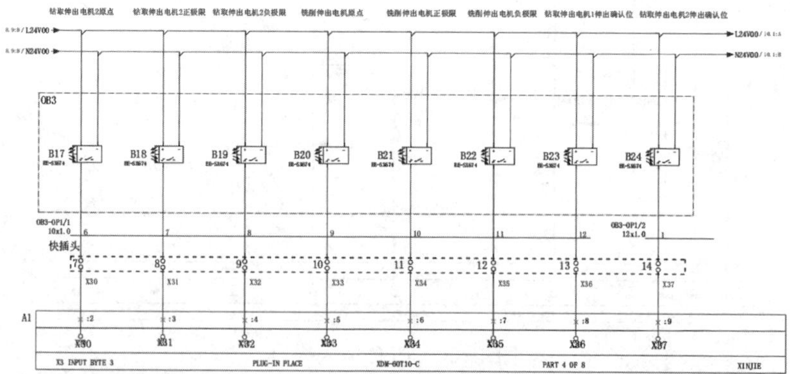

图 4-59　PLC 输入（4）

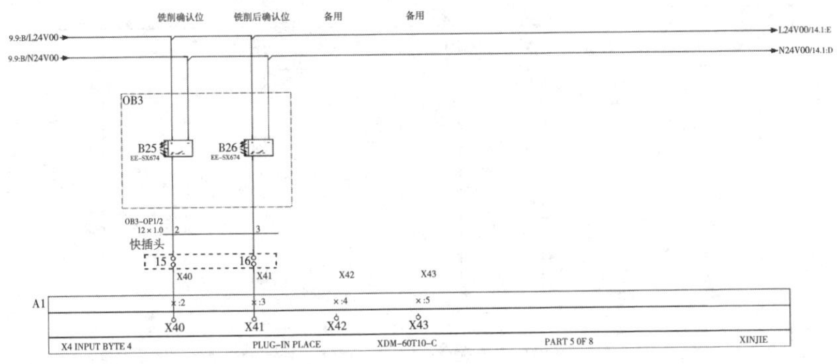

图 4-60　PLC 输入（5）

（七）PLC 输出设计

PLC 继电器输出电路允许的负载一般是 AC 250V/DC 50V 以下，负载电流可达 2A，容量可达 80～100VA（电压×电流）。PLC 的输出不宜直接与驱动大的电流负载相连，这里通过接一个电流比较小的中间继电器，由中间继电器触点驱动大负载。PLC 继电器输出电路的继电器触点的使用寿命有限制，一般为数十万次，具体取决于负载。继电器输出的响应时间比较慢，一般是 10ms 左右。这里设计当连接感性负载时，为了延长继电器触点的使用寿命，若外接直流负载，则在负载两端加过压抑制二极管；若外接交流负载，则在负载两端加 RC 抑制器。

PLC 继电器输出电路输出行走电机脉冲、水平推送电机脉冲、垂直电机脉冲、环形驱动电机脉冲、钻取伸出电机 1 脉冲、钻取伸出电机 2 脉冲、铣削伸出电机脉冲、钻取电机 1 脉冲、钻取电机 2 脉冲、铣削电机脉冲、行走电机方向、水平推送电机方向、垂直电机方向、环形驱动电机方向、钻取伸出电机 1 方向、钻取伸出电机 2 方向、铣削伸出电机方向、钻取电机 1 方向、钻取电机 2 方向、铣削电机方向、垂直电机刹车、环形驱动电机刹车、塔灯红色、塔灯黄色、塔灯绿色、塔灯蜂鸣器、启动指示灯、电动推杆-吸胶正转、电动推杆-吸胶反转、电动推杆-滴氨水正转、电动推杆-滴氨水反转、电动推杆-刷胶正转、电动推杆-刷胶反转、备用抽胶水泵等的相关信息。PLC 继电器输出电路设计图如图 4-61 至图 4-66 所示。

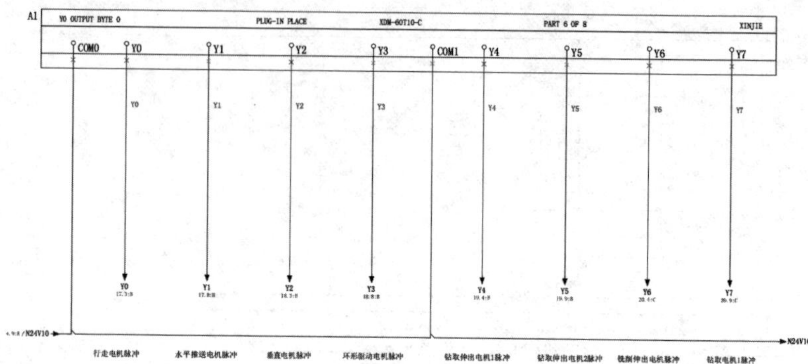

图 4-61 PLC 输出（1）

A1
Y1 OUTPUT BYTE 1　PLUG-IN PLACE　XDM-60T10-C　PART 7 OF 8　XINJIE
COM　Y10　Y11　Y12　Y13　COM　Y14　Y15　Y16　Y17
N24V10
钻取电机2脉冲　铣削电机脉冲　行走电机方向　水平推送电机方向　垂直电机方向　环形驱动电机方向　钻取伸出电机1方向　钻取伸出电机2方向

图 4-62 PLC 输出（2）

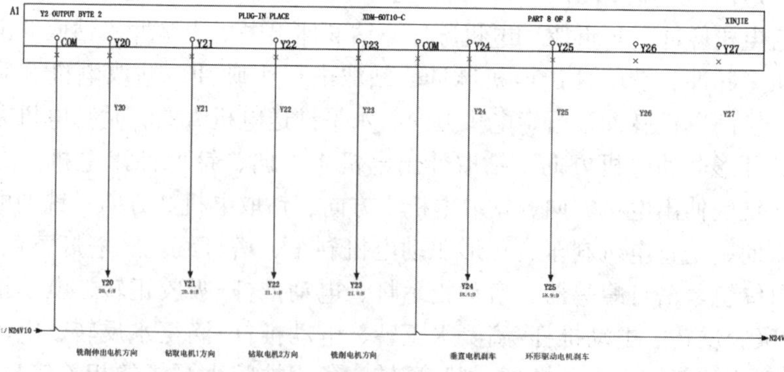

图 4-63 PLC 输出（3）

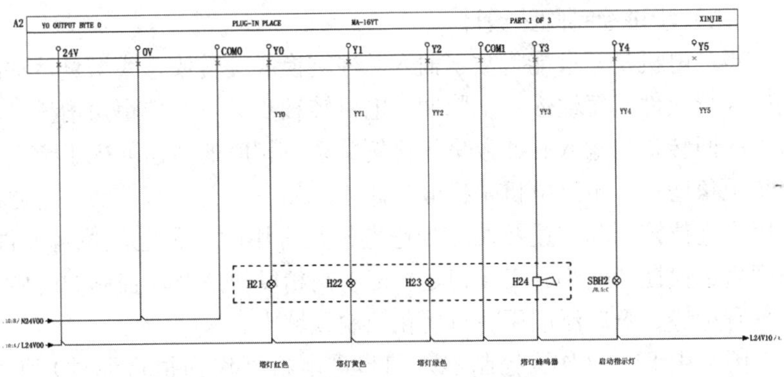

图 4-64　PLC 输出（4）

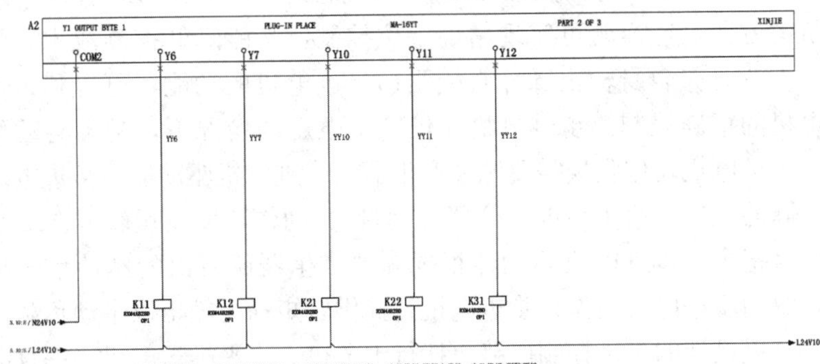

图 4-65　PLC 输出（5）

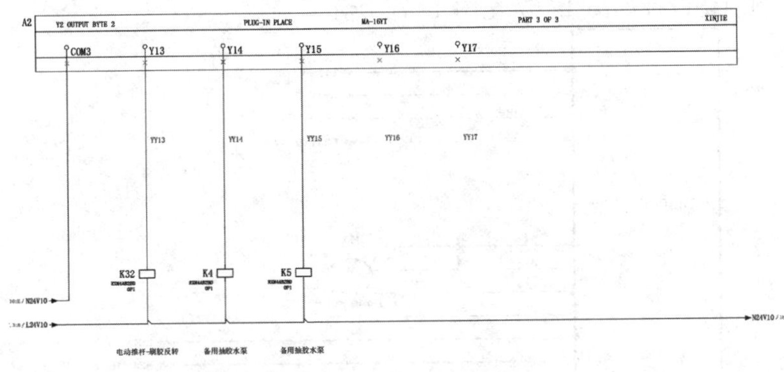

图 4-66　PLC 输出（6）

（八）步进控制回路设计

步进电机是一种能将数字输入脉冲转换成旋转或直线增量运动的电磁执行元件。每输入一个脉冲，电机转轴步进一个步距角增量，电机总的回转角与输入脉冲数呈正比例关系，相应的转速取决于步进一个步距角增量。步进电机是机电一体化产品中的关键部件之一，通常被用作定位控制和定速控制。步进电机是常用的一种电气执行元件，精度高、惯性影响小、工作稳定，能在高精度快速开环控制的时候发挥特有优势，被广泛应用在自动化控制领域中。

因为由 PLC（作为控制器）和步进电机（作为执行元件）组成的运动控制系统具有典型性和通用性，所以这里采用 PLC 控制步进电机的方式，这样既可实现精确定位控制，又能降低控制成本，且 PLC 具有通过自身输出脉冲直接驱动步进电机的功能，更有利于步进电机的精确控制。步进电机在仅给予电压的情况下，是不会动作的。步进电机动作实现需要脉冲产生器、步进电机驱动器、步进电机等。脉冲产生器给予角度（位置移动量）、动作速度及运转方向等脉冲信号指令；步进电机驱动器根据脉冲产生器所发出的脉冲信号指令，驱动步进电机动作；步进电机是提供转矩动力输出以带动负载。

这里设计的步进控制回路包括行走电机、水平推送电机、垂直电机、环形驱动电机、钻取伸出电机 1、钻取伸出电机 2、铣削伸出电机、钻取电机 1、钻取电机 2、铣削电机等步进控制回路。PLC 步进控制回路设计如图 4-67 至图 4-76 所示。

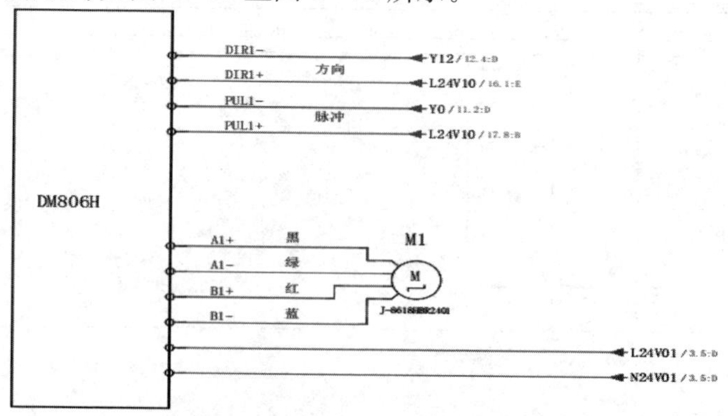

图 4-67　行走电机步进控制回路

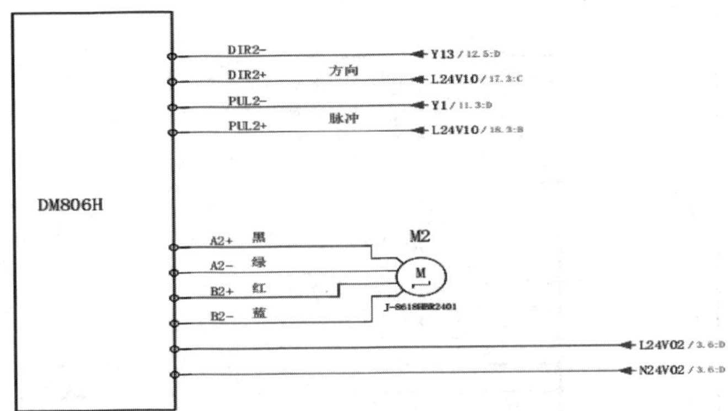

图 4-68　水平推送电机步进控制回路

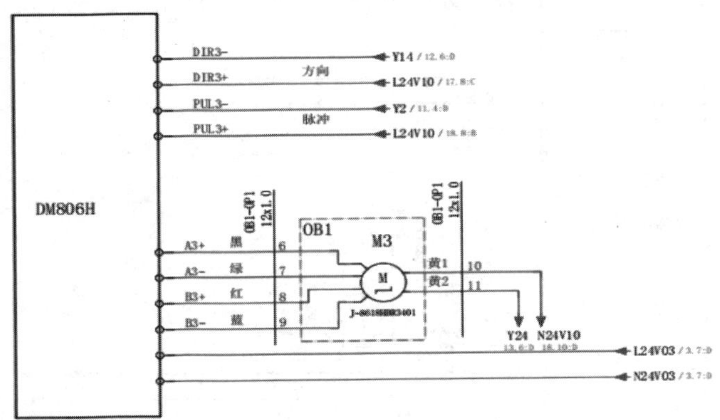

图 4-69　垂直电机步进控制回路

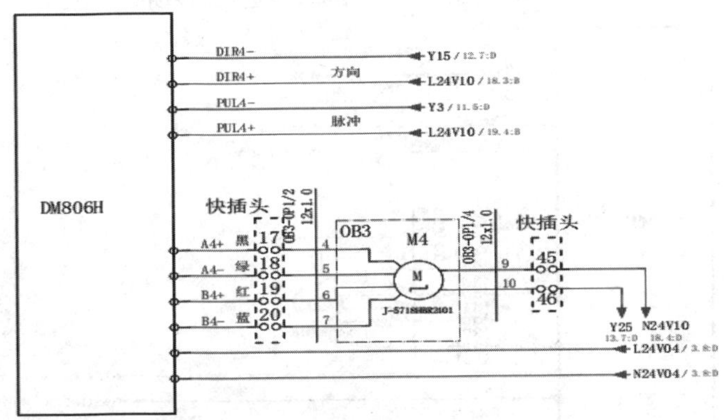

图 4-70　环形驱动电机步进控制回路

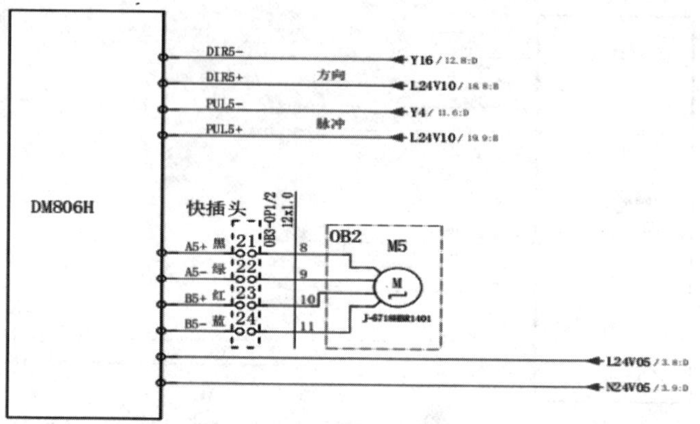

图 4-71　钻取伸出电机 1 步进控制回路

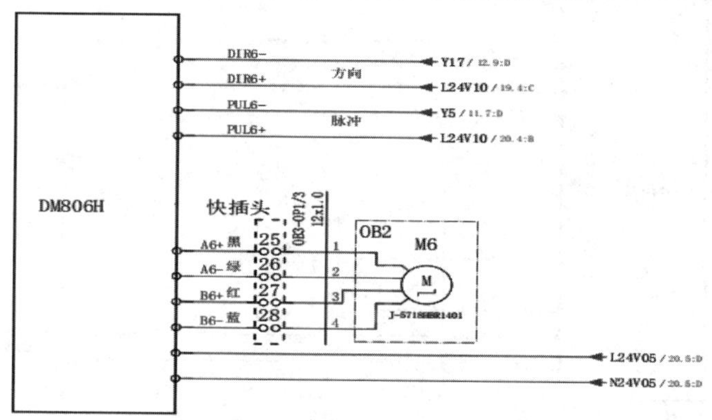

图 4-72　钻取伸出电机 2 步进控制回路

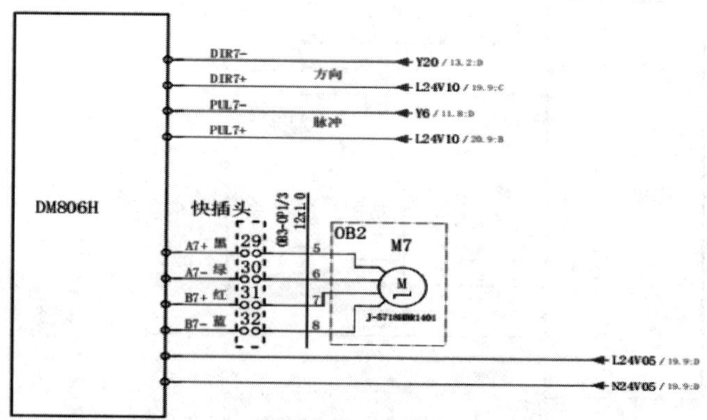

图 4-73　铣削伸出电机步进控制回路

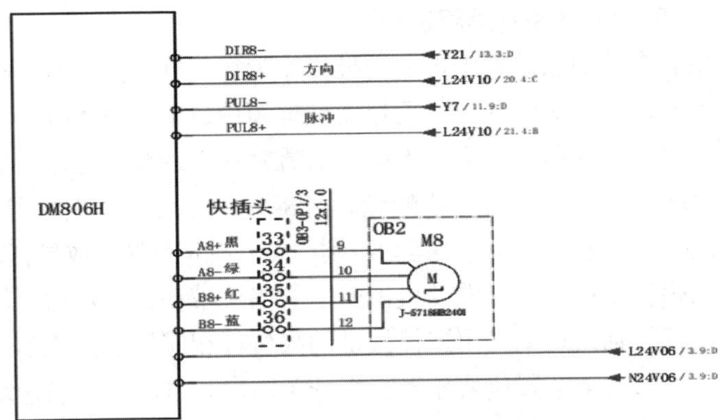

图 4-74　钻取电机 1 步进控制回路

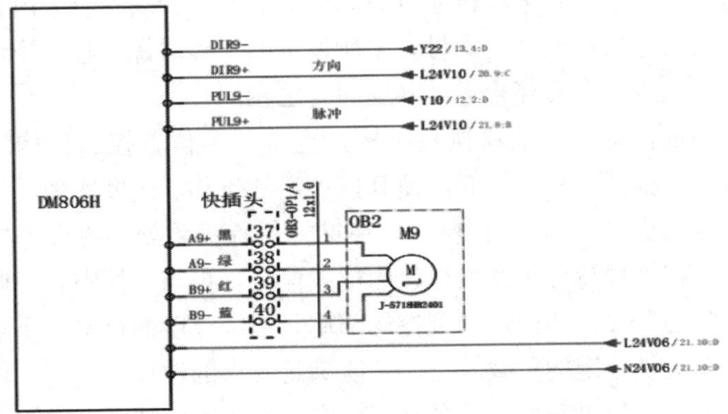

图 4-75　钻取电机 2 步进控制回路

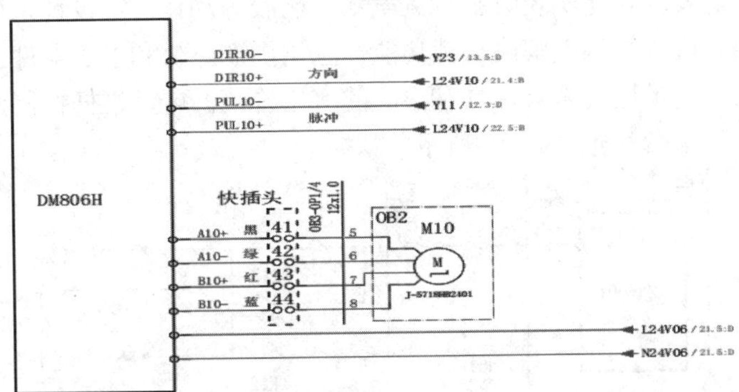

图 4-76　铣削电机步进控制回路

（九）电动推杆控制回路设计

在现有自动控制装置中，电动推杆作为往复推拉执行装置被广泛用于自动开窗、汽车电动门、医疗器械等领域。常见电动推杆多采用电动机驱动，丝杆和螺母螺旋传动带动活塞杆实现推拉运动。电动推杆工作原理是电动机经齿轮或蜗轮蜗杆减速后，带动 1 对丝杆螺母，把电动机的旋转运动变成直线运动，利用电动机正反转完成推杆动作。

蜗轮蜗杆传动形式：电动机齿轮上的蜗杆带动蜗轮转动，使蜗轮内的小丝杆做轴向移动，由连接板带动限位杆相应做轴向移动，至所需行程时，通过调节限位块压下行程开关断电，电动机停止运转（正反控制相同）。

齿轮传动形式：电动机通过驱动减速齿轮，带动安装于内管的小丝杆，以及连接小丝杆的螺母，至所设定的行程时螺母触点压住限位开关断开电源，电机停止运动（反向与之相同）。

电动推杆是一种位移执行机构，也是一种位置控制机构。工作时，通过对推杆行程的控制，使其按一定的位移、速度实现风门的开启和闭合动作（又称风门电机）；在推杆行程极限处，要求停机并保持位置；在推杆行程中发出行程的位置信号，再与主控中心协调，以控制风门的开关，从而达到调控局部单元系统温度的目的。要求电动推杆既能提供一定的负载能力，又能满足要求的位移、速度。

这里研制的电动推杆，具有高精度、低成本的特点，能够满足负荷和功能要求，能实现吸胶、点氨水、刷胶等动作。本设计采用先进的控制方法，结构上解决自锁功能，选用国产电机和电子器件，实现自主加工满足用户需求，具有很高的实用价值。电动推杆控制回路设计图如图 4-77 至图 4-79 所示。

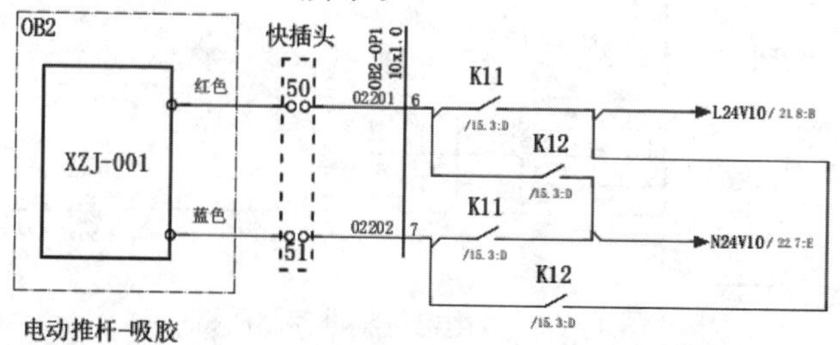

图 4-77　电动推杆-吸胶控制回路设计图

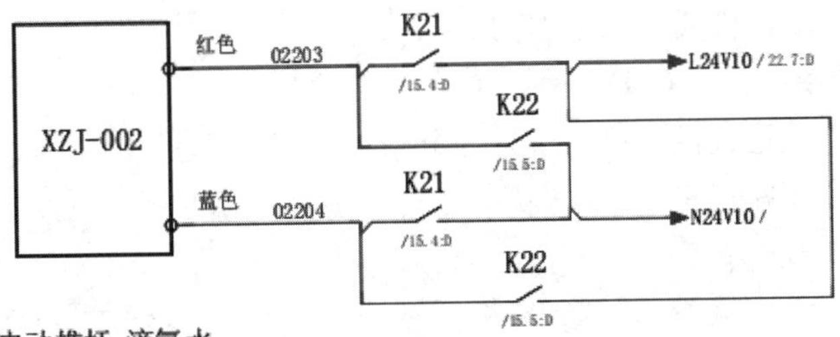

图 4-78　电动推杆-滴氨水控制回路设计图

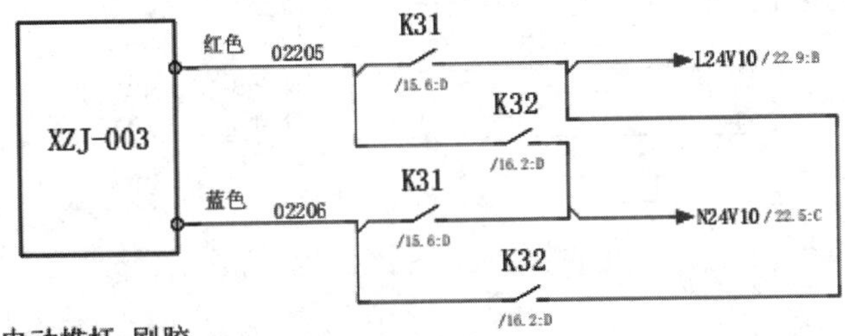

图 4-79　电动推杆-刷胶控制回路设计图

五、橡胶采集系统平台关键部件参数计算

（一）电机参数计算

1. 行走电机　行走电机的结构如图 4-80 所示。

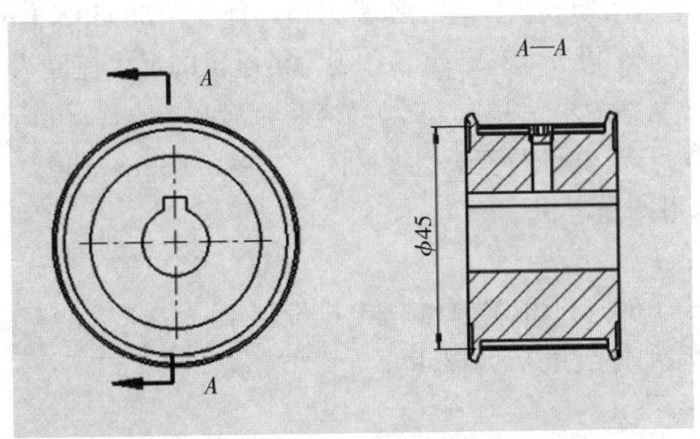

图 4-80　行走电机（单位：mm）

数量：1 台。

型号：J-8618HBR2401 步进电机带刹车。

需驱动部件质量 m：150kg。

摩擦系数 μ：0.12。

同步带轮直径（$D=2d$）：45mm。

理论计算：

摩擦力：

$f=\mu mg=0.12\times150\times9.8=176.4$（N）　　　（$g=9.8$N/kg）

理论需要力矩：$T=fd=176.4\times0.045/2=3.969$（N·m）。

行走电机力矩与转速（n）关系如图 4-81 所示。

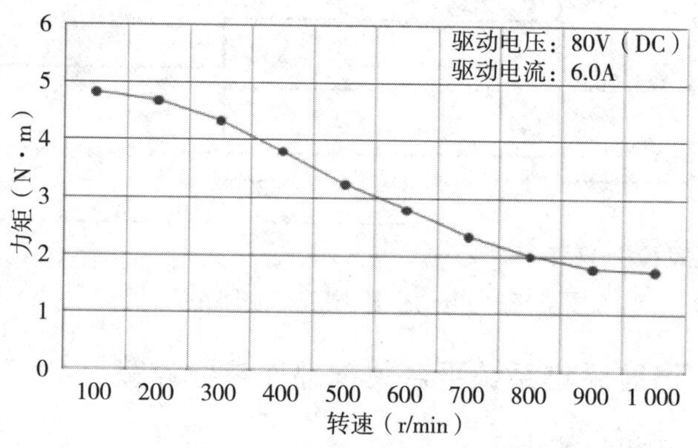

图 4-81　行走电机力矩与转速关系

因为电机力矩要大于理论所需力矩，即 $T\geqslant3.969$N·m。

查图 4-81 得 $n\leqslant350$r/min。则行走电机的最大速度为：

$$v_{\max}=\pi Dn=3.14\times0.045\times350=49.455\text{（m/min）}$$

因此，行走电机的理论速度区间：0～49.455m/min。

2. 水平推送电机

数量：1 台。

型号：J-8618HBR2401 步进电机带刹车。

需驱动部件质量 m：126kg。

摩擦系数 μ：0.1。

同步带轮直径（$D=2d$）：45mm。

理论计算：

摩擦力：

$f = \mu mg = 0.1 \times 126 \times 9.8 = 123.48$（N）　　（$g = 9.8$N/kg）

理论需要力矩：

$$T = fd = 123.48 \times 0.045/2 = 2.7783 \text{（N·m）}$$

因为电机力矩要大于理论所需力矩，即 $T \geqslant 2.7783$N·m。

查图 4-81 得 $n \leqslant 550$r/min。则水平推送电机的最大速度为：

$$v_{max} = \pi Dn = 3.14 \times 0.045 \times 550 = 77.715 \text{（m/min）}$$

因此，水平推送电机的理论速度区间：0～77.715m/min。

3. 垂直电机

数量：1 台。

型号：J-8618HPG4401 减速电机。

需驱动部件质量 m：55kg。

减速比 i：5。

同步带轮直径（$D = 2d$）：45mm。

理论计算：

拉力：

$$f = mg = 55 \times 9.8 = 539 \text{（N）} \qquad (g = 9.8\text{N/kg})$$

理论需要力矩：$T_1 = fd = 539 \times 0.045/2 = 12.1275$（N·m）。

又 $T_1/T_2 = 5$（其中，T_1 为力矩理论值；T_2 为力矩实际值），所以 $T_2 = 2.4255$N·m。

垂直电机力矩与转速（n）的关系如图 4-82 所示。

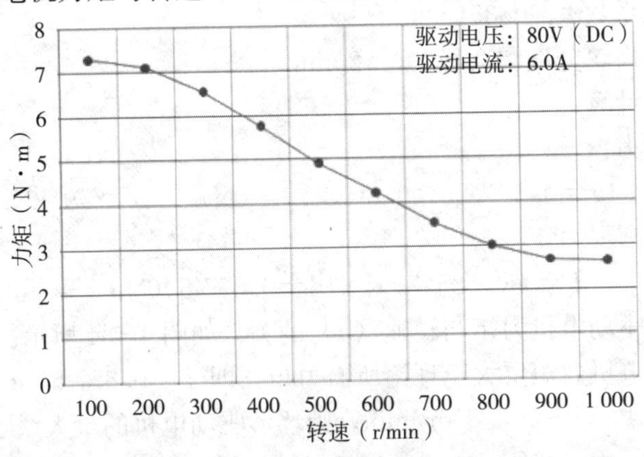

图 4-82　垂直电机力矩与转速关系

因为电机力矩要大于实际所需力矩，即 $T\geqslant 2.4255\text{N}\cdot\text{m}$。

为了确保电机力矩稳定，按照 $T\geqslant 3\text{N}\cdot\text{m}$ 对 n 进行取值，查图 4-82 得 $n\leqslant 800\text{r/min}$。

又 $n_1/n_2=5$（其中，n_1 代表电机转速理论值，$n_1=n$；n_2 代表电机转速实际值），所以 $n_2\leqslant 160\text{r/min}$。则垂直电机的最大速度为：

$$v_{\max}=\pi Dn=3.14\times 0.045\times 160=22.608\ (\text{m/min})$$

理论速度区间：0～22.608m/min。

4. 环形驱动电机 环形驱动电机结构如图 4-83 所示。

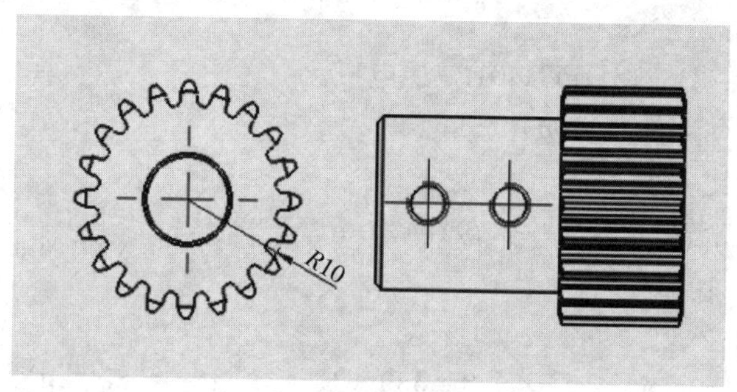

图 4-83 环形驱动电机（单位：mm）

数量：1 台。

型号：J-5718HBR2401 步进电机带刹车。

需驱动部件质量 m：25kg。

摩擦系数 μ：0.35。

连接齿轮分度圆直径 $2R$：20mm。

理论计算：

摩擦力：

$$f=\mu mg=0.35\times 25\times 9.8=85.75\ (\text{N})\qquad (g=9.8\text{N/kg})$$

理论需要力矩：

$$T=fR=85.75\times 0.01=0.8575\ (\text{N}\cdot\text{m})$$

环形驱动电机力矩与转速（n）的关系如图 4-84 所示。

因为电机力矩要大于理论所需力矩，即 $T\geqslant 0.8575\text{N}\cdot\text{m}$。

查图 4-84 得 $n\leqslant 300\text{r/min}$。则环形驱动电机的最大线速度为：

$$v_{\max}=\pi\ (2R)\ n=3.14\times 0.02\times 300=18.84\ (\text{m/min})$$

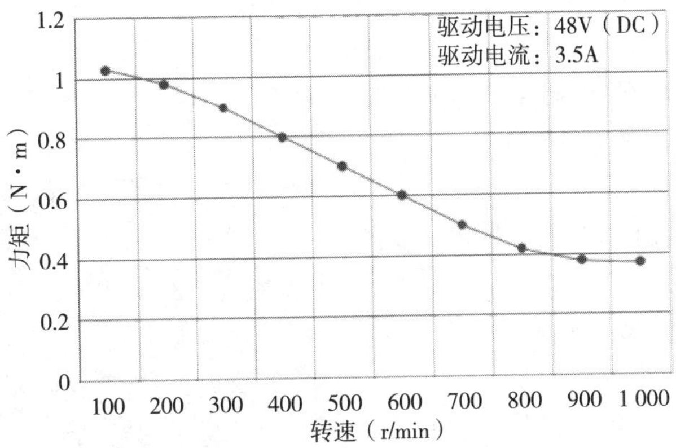

图 4-84　环形驱动电机力矩与转速关系

因此，环形驱动电机理论线速度区间：0～18.84m/min。

环形驱动电机最大角速度 ω_{max} 计算：

根据图 4-85 可得：移动轨迹直径为 678mm；移动轨迹角度为 210.53°。

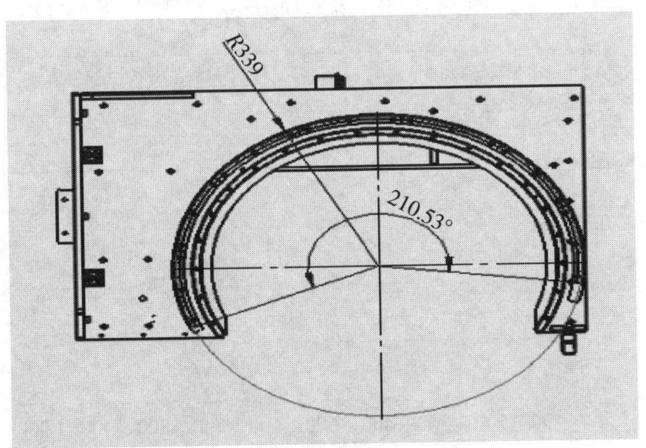

图 4-85　环形驱动电机角速度计算（角度以外的尺寸单位为 mm）

计算弧长：

$$L=\pi\times678\times210.53/360=1\ 245.004\ (mm)$$
$$=1.245\ 004\ (m)\ (这里\ \pi\ 取\ 3.14)$$

$\omega_{max}=210.53/(L/v_{max})=210.53/(1.245\,004/18.84)$
$=3\,185.84$ [(°)/min]

5. 铣削伸出电机　铣削伸出电机结构如图 4-86 所示。

数量：1 台。

型号：J-5718HBR1401 步进电机带刹车。

需驱动部件质量 m：2.5kg。

摩擦系数 μ：0.35。

连接齿轮分度圆直径 $2R$：20mm。

图 4-86　铣削伸出电机（单位：mm）

理论计算：

摩擦力：

$f=\mu mg=0.35\times2.5\times9.8=8.575$ (N)　　($g=9.8$N/kg)

理论需要力矩：$T=fR=8.575\times0.01=0.085\,75$ (N·m)。

铣削伸出电机力矩与转速（n）的关系如图 4-87 所示。

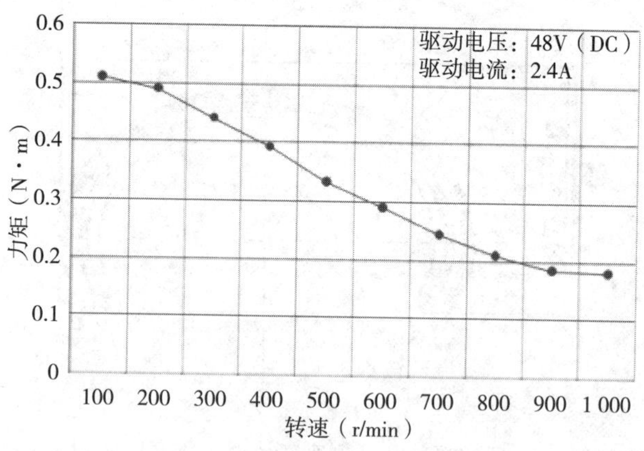

图 4-87　铣削伸出电机力矩与转速关系

因为电机力矩要大于理论所需力矩，即 $T\geqslant0.085\,75$N·m。查图 4-87 得 $n\leqslant1\,000$r/min。则电机的最大线速度为：

$v_{max}=\pi(2R)n=3.14\times0.02\times1\,000=62.8$ (m/min)

因此，铣削伸出电机的理论线速度区间：0～62.8m/min。

6. 铣削电机

数量：1 台。

型号：J-8618HBR2401 步进电机。

查阅资料得，切动树皮最小的力 $F_{min}=300N$。

根据图 4-88 可知，该铣削电机上装夹的铣刀顶端到中心的距离 $d=15.06mm$。

计算最小力矩：

$$T_{min}=F_{min}d=300\times 0.01506=4.518\ (N\cdot m)$$

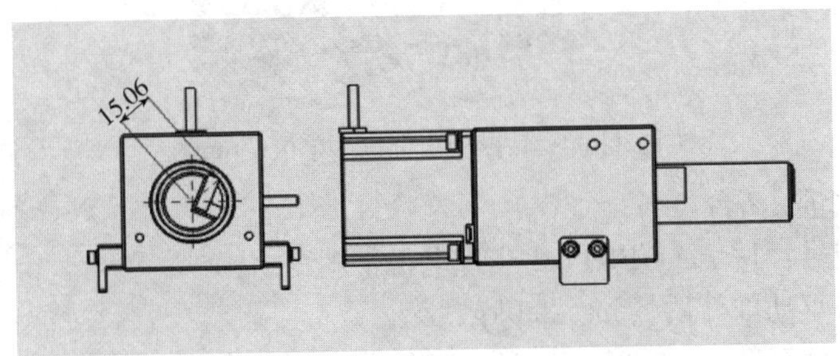

图 4-88　铣削电机（单位：mm）

铣削电机力矩与转速（n）的关系如图 4-89 所示。

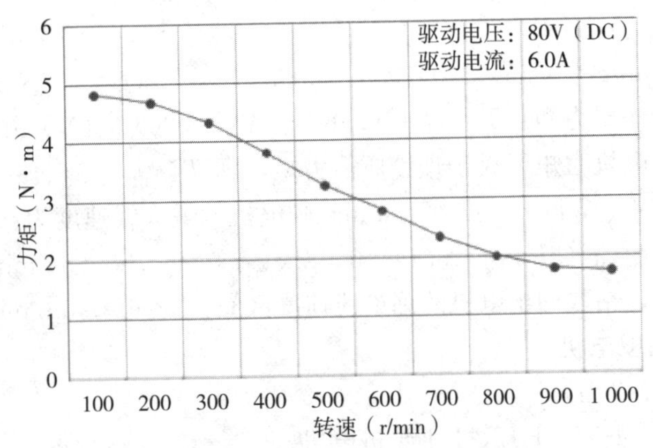

图 4-89　铣削电机力矩与转速关系

因为电机力矩要大于理论所需力矩，即 $T\geqslant 4.518N\cdot m$。

查图 4-89 得 $n\leqslant 200r/min$。

因此，铣削电机的理论转速区间：0～200r/min。

7. 钻取伸出电机 钻取伸出电机如图 4-90 所示。

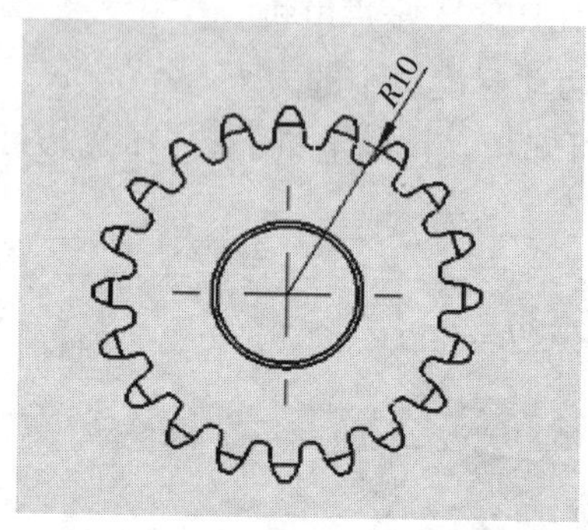

图 4-90 钻取伸出电机（单位：mm）

数量：2 台。

型号：J-5718HBR1401 步进电机带刹车。

需驱动部件质量 m：2.0kg。

摩擦系数 μ：0.35。

连接齿轮分度圆直径 $2R$：20mm。

理论计算：

摩擦力：

$$f=\mu mg=0.35\times 2.0\times 9.8=6.86\ (\mathrm{N}) \qquad (g=9.8\mathrm{N/kg})$$

理论需要力矩：$T=fR=6.86\times 0.01=0.068\,6$（N·m）。

因为电机力矩要大于理论所需力矩，即 $T\geqslant 0.068\,6\mathrm{N\cdot m}$。

查图 4-87 得 $n\leqslant 1\,000\mathrm{r/min}$。则电机的最大线速度为：

$$v_{\max}=\pi\ (2R)\ n=3.14\times 0.02\times 1\,000=62.80\ (\mathrm{m/min})$$

因此，钻取伸出电机的理论线速度区间：0～62.80m/min。

8. 钻取电机

数量：2 台。

型号：J-5718HBR2401 步进电机。

查阅资料得，切动树皮最小的力 $F_{\min}=300\mathrm{N}$。

根据图 4-91 可知，该钻取电机上装夹的铣刀顶端到中心的距离 $d=0.6\mathrm{mm}$。

计算最小力矩：

$$T_{min} \doteq F_{min} d = 300 \times 0.0006 = 0.18\ (N \cdot m)$$

由于一个电机上有两个钻头，实际所需力矩为：

$$T = 2T_{min} = 2 \times 0.18 = 0.36\ (N \cdot m)$$

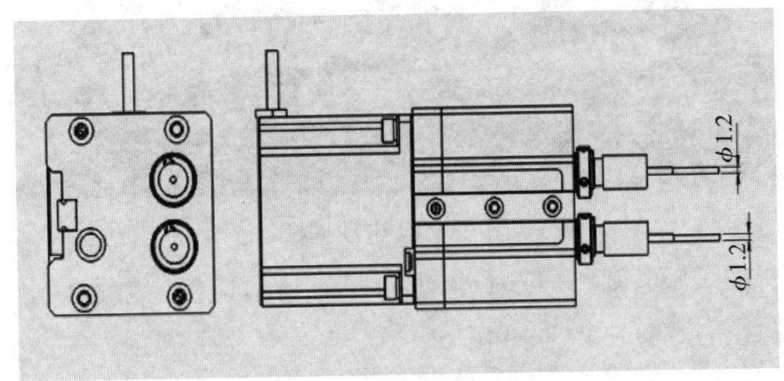

图 4-91　钻取电机（单位：mm）

钻取电机力矩与转速（n）的关系如图 4-92 所示。

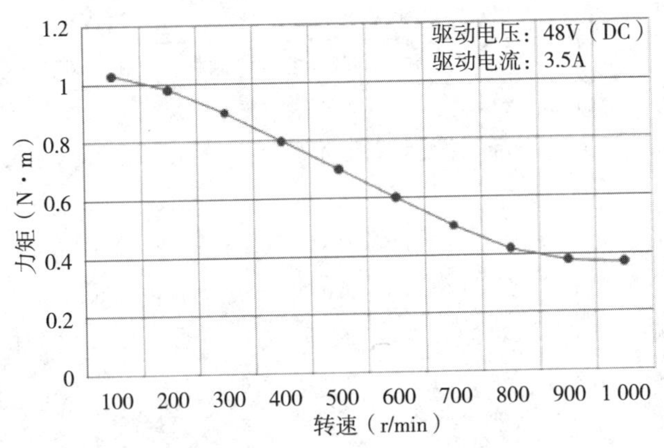

图 4-92　钻取电机力矩与转速关系

因为电机力矩要大于理论所需力矩，即 $T \geqslant 0.36$N·m。

查图 4-92 得 $n \leqslant 900$r/min。

理论转速区间：0～900r/min。

（二）电动推杆参数计算

电动推杆如图 4-93 所示。

型号：FD3-I 电动推杆。

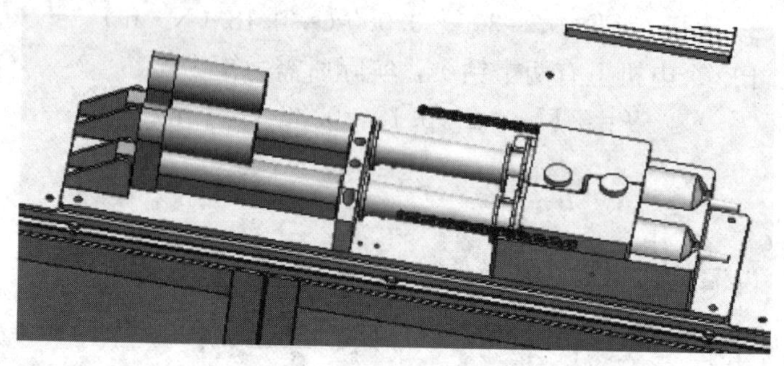

图 4-93 电动推杆

由表 4-2 可知，FD3-I 电动推杆的基本速度：空载时，5.5～80mm/s；满载时，4～65mm/s。

表 4-2 基本速度标准表

传动代码	额定负载（N）	基本速度（mm/s，±10%）		额定电源（A）（常温）							
				12V		24V		36V		48V	
		空载	满载	空载	满载	空载	满载	空载	满载	空载	满载
A	200	40	22	1.5	2.5	0.6	1.5	0.3	1.2	0.2	
B	100	60	45	1.5	3.0	0.6	1.5	0.3	1.2	0.2	
C	50	80	65	1.5	3.0	0.6	1.5	0.3	1.2	0.2	
D	600	10.5	7	1.5	2.3	0.6	1.2	0.2	0.8	0.2	
E	500	16.5	12	1.5	2.0	0.6	1.5	0.2	0.8	0.2	
F	250	25	20	1.5	2.0	0.6	1.5	0.2	1.0	0.2	
G	1 000	7.2	5	1.5	3.0	0.6	1.2	0.2	0.8	0.2	
H	700	11.5	8.5	1.5	2.5	0.6	1.2	0.2	0.8	0.2	
I	400	17	13.5	1.5	2.5	0.6	1.2	0.2	1.0	0.2	
J	1 200	5.5	4	1.5	3.0	0.6	1.2	0.2	0.8	0.2	
K	800	8.5	6.5	1.5	2.5	0.6	1.2	0.2	0.8	0.2	
L	450	13	10	1.5	2.5	0.6	1.2	0.2	0.8	0.2	

注：±10%指基本速度的波动范围。

由图 4-94 可知，选用的针管横截面外直径为 43mm。

壁厚为 2mm，故内径 d＝39mm＝0.39dm。

横截面积：

$$S=\pi d^2=3.14\times0.39\times0.39=0.477\ 594\ (\text{dm}^2)$$

所以最大瞬时流量 V_{max} 和最小瞬时流量 V_{min} 为：

$$V_{max}=v_{max}S=0.17\times0.477\ 594=0.081\ 190\ 98\ (\text{L/s})$$
$$=4\ 871.5\ (\text{mL/min})$$
$$V_{min}=v_{min}S=0.135\times0.477\ 594=0.064\ 475\ 19\ (\text{L/s})$$
$$=3\ 868.5\ (\text{mL/min})$$

式中，v_{max} 为推杆（传动代码 I）在空载时的基本速度；

v_{min} 为推杆（传动代码 I）在满载时的基本速度。

则针管流量区间：3 868.6～4 871.5mL/min。

以上计算仅为单个推杆工作单个针管的情况。

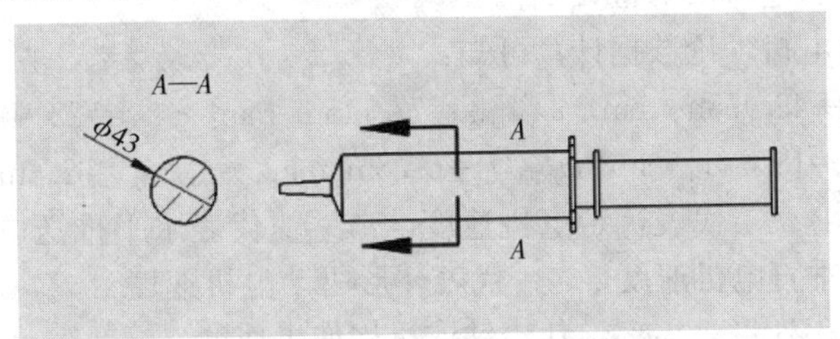

图 4-94　电动推杆结构（单位：mm）

（三）橡胶采集系统平台理论工作效率计算

若要计算理论工作效率，首先需要简单了解该机器的工作流程。完成一个工作流程需要 3 个步骤。

（1）调整工作位置。如图 4-95 所示，在初始位置 1，通过行走电机移动到位置 2；在位置 2，通过水平推送电机移动到位置 3；在位置 3，再通过行走电机移动到位置 4；然后再通过垂直电机调整工作平面高度；最后通过环形驱动电机调整具体位置。

（2）开始工作。铣削伸出电机伸出，达到感应器位置后停止并退回；退回的同时伸出钻取伸出电机，同铣削伸出电机一样，接收到感应器信号后停止并退回。推杆针筒工作同时进行。

（3）回到下次工作原点。环形驱动电机先回到原点，后通过垂直电机回到起始位置；然后由位置 4 通过行走电机回到位置 3；最后通

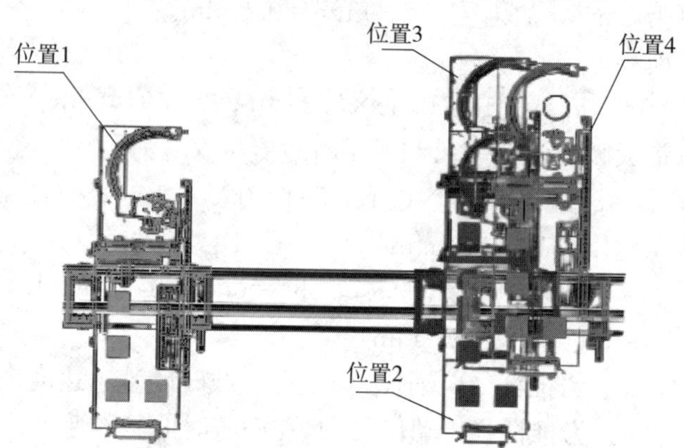

图 4-95 橡胶采集系统平台结构

过水平推送电机回到位置 2。

通过电机理论数据计算可知：

$v_{行走}$ =49.455m/min，$v_{水平推送}$ =77.715m/min，$v_{垂直}$ =22.608m/min

$v_{环形}$ =18.84m/min，$v_{铣削伸出}$ =62.8m/min，$v_{钻取伸出}$ =62.8m/min

其中，$v_{行走}$ 代表行走电机速度，$v_{水平推送}$ 代表水平推送电机速度，$v_{垂直}$ 代表垂直电机速度，$v_{环形}$ 代表环形驱动电机速度，$v_{铣削伸出}$ 代表铣削机构伸出速度，$v_{钻取伸出}$ 代表钻取机构伸出速度。

整个周期内的理论时间计算如下。

（1）调整工作位置时间。

行走电机工作时间：设计时设定的两株树之间的距离 L 是 3m，故位置 1 到位置 2、位置 3 到位置 4 的距离均为 3m。

$$t_{1.1}=L/v_{行走}=3/49.455=0.06\ (\text{min})\ =3.6\ (\text{s})$$

水平推送电机工作时间：从位置 2 移动到位置 3 的最长距离为 700mm，即 0.7m。此时计算的时间为最长距离的理论最快时间。

$$t_{1.2}=L/v_{水平推送}=0.7/77.715=0.01\ (\text{min})\ =0.6\ (\text{s})$$

垂直电机工作时间：调整工作平面的最大距离为 300mm，即 0.3m。此时计算的时间为最长距离的理论最快时间。

$$t_{1.3}=L/v_{垂直}=0.3/22.608=0.013\ (\text{min})\ =0.78\ (\text{s})$$

环形驱动电机工作时间：环形轨道最大弧长为 1 245.004mm，即 1.245 004m（有效距离为 0.82m）。此时计算的时间为最长距离的理论最快时间。

$t_{1.4}=L/v_{环形}=0.82/18.84=0.044\ (\text{min})=2.64\ (\text{s})$

（2）开始工作时间。理论条件是橡胶树位于环形正中心，当橡胶树直径最小时，工作行程最长，即计算的时间为最长距离的理论最快时间。取 $L=100\text{mm}=0.1\text{m}$。钻取机构伸出速度与钻取机构退回速度一致，即 $v_{钻取伸出}=v_{钻取退回}$。

铣削伸出：$t_{2.1}=L/v_{铣削伸出}=0.1/62.8=0.002\ (\text{min})=0.12\ (\text{s})$。

钻取伸出：$t_{2.2}=L/v_{钻取伸出}=0.1/62.8=0.002\ (\text{min})=0.12\ (\text{s})$。

钻取退回：$t_{2.3}=L/v_{钻取退回}=0.1/62.8=0.002\ (\text{min})=0.12\ (\text{s})$。

（3）回到下次工作原点的时间。

同理，得环形驱动电机工作时间：

$t_{3.1}=L/v_{环形}=0.82/18.84=0.044\ (\text{min})=2.64\ (\text{s})$

垂直电机工作时间：

$t_{3.2}=L/v_{垂直}=0.3/22.608=0.013\ (\text{min})=0.78\ (\text{s})$

行走电机工作时间：由位置 4 回到位置 3 的最长距离为 530mm，即 0.53m。该情况下计算的时间为最长距离的理论最快时间。

$t_{3.3}=L/v_{行走}=0.53/49.455=0.01\ (\text{min})=0.6\ (\text{s})$

水平推送电机工作时间：从位置 3 移动到位置 2 的情况与从位置 2 移动到位置 3 的情况一致。

$t_{3.4}=L/v_{水平推送}=0.7/77.715=0.01\ (\text{min})=0.6\ (\text{s})$

所以，在工作行程最长的情况下，所需的理论最快时间为：

$$\begin{aligned} t &= t_{1.1}+t_{1.2}+t_{1.3}+t_{1.4}+t_{2.1}+t_{2.2}+t_{2.3}+ \\ &\quad t_{3.1}+t_{3.2}+t_{3.3}+t_{3.4} \\ &=3.6+0.6+0.78+2.64+0.12+0.12+0.12+ \\ &\quad 2.64+0.78+0.6+0.6 \\ &=12.6\ (\text{s}) \end{aligned}$$

六、橡胶采集系统平台样机安装与调试

（一）样机安装位置选择与轨道搭建

理论上，选择一株橡胶树进行样机安装与调试即可。样机工作需要稳定电源、已开割的橡胶树、较平坦的橡胶园地形环境等条件，因

此，选择在海南省海口市中国热带农业科学院橡胶实验基地开展。海口市是热带季风气候，冬季是旱季，降水较少，一般非常干燥，符合室外试验条件。

选择两株橡胶树开展样机安装与调试。两株橡胶树之间的距离是4.2m，样机设计的间距为3m，需要对样机的间距进行现场调整。样机现场安装位置示意如图4-96所示。

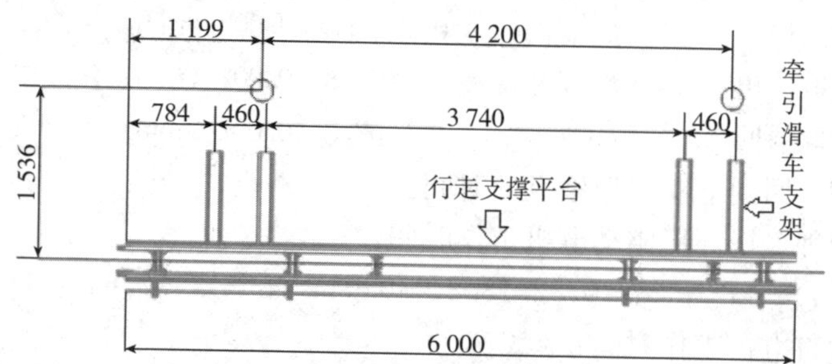

图4-96　样机现场安装位置示意（单位：mm）

利用两段3m的型材搭建一个6m的试验轨道，按照图4-96的具体位置尺寸搭建，由原设计的间距3m改为现场安装的4.2m。这样才能保证轨道绝对水平，在该前提下，才能确保样机工作达到最优状态。

（二）样机平台安装

搭建完成的样机轨道如图4-97所示，样机轨道水平测试如图4-98所示，样机工作平台安装与调试如图4-99所示。

图4-97　搭建完成的样机轨道

图 4-98　样机轨道水平测试

图 4-99　样机工作平台安装与调试

（三）样机工作刀头安装

样机工作刀头安装如图 4-100 所示，样机工作刀头如图 4-101 所示。

图 4-100　样机工作刀头安装

图 4-101　样机工作刀头

（四）样机测试与结果分析

1. 样机调试与工作　设计时，在垂直平台上设置了 5 个位置点，环形平台上同样也设置了 5 个位置点。本次室外试验，只需调试一个点即可，因为其他几个点无需具体调试，仅仅靠弹簧自我调整就可完成（图 4-102）。

调试工作包括 3 个方面：一是根据设备的工作流程在控制器上调整具体的设备停留位置，如上文提到的位置 1、位置 2、位置 3 和位置 4；二是在上文计算的理论速度范围内调整电机转速到适当，以便节约时间，进行更好的试验；三是调整刮树皮和钻孔的具体深度。样机工作刀头采胶如图 4-103 所示。

图 4 - 102　样机停留位置

图 4 - 103　样机工作刀头采胶

样机调试完成后，开始分别对第一株橡胶树、第二株橡胶树进行采胶作业，如图 4 - 104 至图 4 - 105 所示。

图 4 - 104　第一株橡胶树采胶作业

图 4-105　第二株橡胶树采胶作业

2. 样机采胶速度　在调试过程中，发现工作中的实际速度远远小于理论计算值，为了提高工作效率，需要尽可能地提高电机转速，即提高工作速度。记录速度如下：

$v_{行走}=18.2\text{m/min}$，$v_{水平推送}=22.6\text{m/min}$，$v_{垂直}=8.2\text{m/min}$

$v_{环形}=8.8\text{m/min}$，$v_{铣削伸出}=4.2\text{m/min}$，$v_{钻取伸出}=7.2\text{m/min}$

针对实际速度远远小于理论值的原因，做如下分析：

风的影响：由于在室外，有一定的风阻，会影响实际速度。

摩擦系数：实际摩擦系数要比理论摩擦系数高很多，主要可能是有杂质、局部生锈、表面不光滑、润滑油涂抹不均匀等原因。

惯性大：由于质量较大，具有较大的惯性，达不到理论力矩。

没有绝对平衡：由于在室外，地面平整度有待考证，故没有绝对平衡，重力对此有影响。

实际质量大于理论质量：由于装配过程中设备零部件工艺存在差别，设备的质量比理论质量要大。

晃动的影响：设备移动时，由于质量大容易产生晃动，为了保证设备运行过程中的平稳性，不建议采用较快的速度。

3. 样机采胶效率　根据调试过程中得出的实际速度和实际距离，工作时间可以简单计算如下：因为第一株树没有位置 1 到位置 2 的过程，初始位置就在位置 2（该处位置 1、位置 2 同上文），所以第一株树采胶的工作时间，与第二株以及之后的橡胶树采胶的工作时间是不一样的，减少了位置 1 到位置 2 的时间。因此，第一株树的采胶效率与第二株树的采胶效率需要分别计算。

（1）第一株橡胶树采胶的工作时间。行走电机工作距离：位置 3 到位置 4 的距离（与上文位置 3、位置 4 同理）为 0.4m；退回距离即位置 4 到位置 3 的距离，同为 0.4m。

行走电机实际速度：$v_{行走}=18.2\text{m/min}$。

行走电机工作时间：$t_{11}=2L/v_{行走}=2\times0.4/18.2=0.044$（min）$=2.64$（s）。

水平推送电机工作距离：位置 2 到位置 3 的距离（与上文位置 2、位置 3 同理）为 0.66m；退回距离即位置 3 到位置 2 的距离，同为 0.66m。

水平推送电机实际速度：$v_{水平推送}=22.6\text{m/min}$。

水平推送电机工作时间：$t_{12}=2L/v_{水平推送}=2\times0.66/22.6=0.058$（min）$=3.48$（s）。

垂直电机工作距离：本次试验平台移动垂直距离为 0.12m，退回距离同为 0.12m。

垂直电机实际速度：$v_{垂直}=8.2\text{m/min}$。

垂直电机工作时间：$t_{13}=2L/v_{垂直}=2\times0.12/8.2=0.029$（min）$=1.74$（s）。

环形驱动电机工作距离：本次试验环形平台移动的距离为 0.3m，退回距离同为 0.3m。

环形驱动电机实际速度：$v_{环形}=8.8\text{m/min}$。

环形驱动电机工作时间：$t_{14}=2L/v_{环形}=2\times0.3/8.8=0.068$（min）$=4.08$（s）。

铣削伸出电机工作距离：本次试验铣削伸出的距离为 0.09m，退回时间无需计算。

铣削伸出电机实际速度：$v_{铣削伸出}=4.2\text{m/min}$。

铣削伸出电机工作时间：$t_{15}=L/v_{铣削伸出}=0.09/4.2=0.021$（min）$=1.26$（s）。

钻取伸出电机工作距离：本次试验钻取伸出的距离为 0.08m，退回距离同为 0.08m。

钻取伸出电机实际速度：$v_{钻取伸出}=7.2\text{m/min}$。

钻取伸出电机工作时间：$t_{16}=2L/v_{钻取伸出}=2\times0.08/7.2=0.022$（min）＝1.32（s）。

所以第一株树的工作时间为：

$$
\begin{aligned}
t_1 &= t_{11}+t_{12}+t_{13}+t_{14}+t_{15}+t_{16} \\
&= 2.64+3.48+1.74+4.08+1.26+1.32 \\
&= 14.52\ (\mathrm{s})
\end{aligned}
$$

（2）第二株橡胶树采胶的工作时间。相较于第一株树的工作距离，多了从第一株树到第二株树的距离，这里为 4.2m，即行走电机多走了该段路程；其余行程变化可忽略不计。

$t_{增}=L/v_{行走}=4.2/18.2=0.23$（min）＝13.8（s）

所以第二株树的工作时间：$t_2=t_1+t_{增}=14.52+13.8=28.32$（s）。

因此本次试验总时间初步计算为：

$$t_{总}=t_1+t_2=14.52+28.32=42.84\ (\mathrm{s})$$

本试验分别对第一株橡胶树、第二株橡胶树进行 5 次采胶，采用秒表对采胶工作时间进行记录，具体如表 4-3 所示。

表 4-3　采胶工作时间

单位：s

	第 1 次	第 2 次	第 3 次	第 4 次	第 5 次	平均
第一株橡胶树采胶工作时间	20.8	19.1	22.3	19.6	21.2	20.6
第二株橡胶树采胶工作时间	37.2	36.8	38.1	36.2	37.4	37.14
两株橡胶树采胶工作总时间	58.0	55.9	60.4	55.8	58.6	57.74

实际工作时间与计算时间进行比较（误差以及误差分析）：

第一株橡胶树：

差值：$t_1=20.6-14.52=6.08$（s）。

比例：（6.08/14.52）×100%＝41.87%。

第二株橡胶树：

差值：$t_2=37.14-28.32=8.82$（s）。

比例：（8.82/28.32）×100%＝31.14%。

主要原因分析如下。

(1) 电机启动后，电机无法瞬间达到设定转速，导致无法达到所需速度；停止时同理。即平均速度低于实际设定速度。

(2) 各电机衔接时无法达到高效衔接，存在无效时间。

实际工作效率：根据试验记录数据计算可得，第一株树的工作时间为 20.6s，第二株树和之后橡胶树的工作时间均为 37.14s（实际工作中，采胶效率会随着位置的变化而变化）。

因此，有：

$$T=20.6+37.14\ (N-1)$$

式中，T 为采胶的工作总时间（单位为 s）；N 为需要采胶的橡胶树总株数。

4. 伤树情况 通过对参与试验的橡胶树进行观察，并将之与非试验的橡胶树进行对比分析，发现：参与试验的橡胶树和不参与试验的橡胶树无差异，参与试验的橡胶树依然健壮，茁壮成长，伤树率几乎为 0。但由于试验样本较小，不具备说服力，仍需要进一步试验验证。

5. 试验结果 利用红外传感器，实现了对橡胶树采胶部位的精准定位；具备自动刮皮、涂乙烯利、采胶深度控制、采胶参数实时采集、故障报警功能。主机质量为 40kg，采胶效率为 30s/株（含移动时间），孔径为 1.0～1.5mm，孔间距为 2cm×2cm。试制的地轨移动式天然橡胶全自动采胶装备系统平台如图 4-106 所示。

图 4-106 试制的地轨移动式天然橡胶全自动采胶装备系统平台

七、装备研发价值

（一）解决的关键技术难题

根据采胶规划，采用智能传感器与自动控制技术，实现采胶树位、割面位置、采胶位置信息的采集、记忆与精准定位，装备在地轨上的行走与停车，采胶模块刺针的自动作业与复位等，实现采胶模块在水平方向与竖直方向上的协同运动，实现自主采胶作业功能。

（二）技术创新性

（1）采用地轨移动，解决地形、树位等复杂橡胶园工况环境对采胶机器人的影响，提升全自动采胶装备的通用性。

（2）探索了移动式全自动针刺采胶方式，集成实现自动刮皮、涂抹乙烯利刺激剂、加注防凝氨水、自动收胶等多种作业功能，实现“一机多树、多用途”采胶，对于降低装备成本、橡胶园统一采胶规划、进一步解放劳动生产力具有积极意义。

第三节　地轨移动式全自动采胶装备试验试用

一、装备概述

与固定式全自动采胶机不同，地轨移动式全自动采胶装备，一般采用“行走装置＋采胶装置”的结构模式进行设计，通过机械臂携带采胶装置＋自动控制实现采胶作业。采胶方式包括割胶和针刺两种。由于需要搭载移动平台、电源，以及要实现行走、定位、停车等功能，其体积、质量相对固定式全自动采胶装备要大得多，对其适应性要求更高。

二、工作原理

地轨移动式全自动采胶装备需要预先在橡胶园地面铺设硬质轨道，滑轨平台运载采胶装置并通过轨道在橡胶园地面上穿行。利用相关限位或位置探测传感技术，滑轨平台移动至靠近橡胶树树干的位置停下，采胶装置通过智能传感识别技术搜索橡胶树割线位置并进行切割作业。采胶装置由搭载各类传感探测装置的机械臂及采胶切割终端组成，内置行走动力及导向轮组并由步进电机驱动。机械臂通过其上搭载的传感设备，在PLC电路控制系统控制下，通过距离探测、视觉识别等传感技术将采胶终端移动到预设的采胶树树干面目标位进行采胶作业。该类装备实现了“一机多树”的采胶作业。

三、采胶试验

（一）地轨移动式割胶机器人

中国农业大学周航等（2020）设计了一款地轨移动式割胶机器人。此装备主要由地面硬轨、移动平台、机械臂、控制箱、双目立体视觉系统等组成。机械臂选用六关节串联机械臂，其上安装有由摄像头及光源组合而成的双目立体视觉系统。移动平台装载机械臂在地面硬轨上移动，搜索并靠近橡胶树树干，机械臂通过机器视觉识别技术获取割胶目标树干参数，进行割线轨迹规划后机械臂沿割线方向运动，其末端传感器实时检测并补偿切割深度，同时带动刀片实现全自动割胶作业。

为测试该装备在实际运行中的割胶效果，2020年在中国热带农业科学院试验场橡胶园进行了性能评估试验。按照割胶规程，试验在凌晨进行，配置白光源为夜间作业补光，设定切割深度为5mm，耗皮量分别设置成1mm和2mm。试验结果显示：①装备的树皮切削连续性良好，切削下的树皮大部分呈连续条状，但随着切削厚度的增加，切削树皮连续性降低，容易出现树皮断裂不连条现象；②切削厚度较为一致，割线表面平顺度良好；③机械臂在割胶作业中可视为悬臂梁结构，由于橡胶园地形复杂，当机械臂发生较大倾斜时，机械臂系统刚度降低，导致切削力不稳定，变化幅度较大，影响割线表面平顺度。试验用的装备见图4-107。

（二）地轨移动式针刺采胶机器人

中国热带农业科学院橡胶研究所研制的地轨移动式针刺采胶机器人，主要由地面滑行轨道、PLC控制模块、采胶作业机构、供电系统、故障报警等组成。采胶作业机构借助地面滑行轨道进行移动，靠近橡胶树树干后，PLC控制模块控制采胶作业机构进行采胶作业。

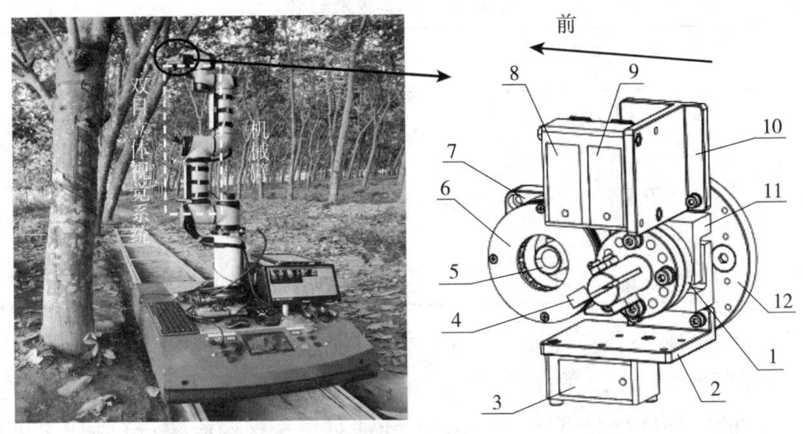

图 4-107 地轨移动式割胶机器人

1. 刀片底座 2. 下支架 3. 下激光测距传感器 4. 刀片 5. 相机 6. 环形光源 7. 侧支架 8. 前激光测距传感器 9. 后激光测距传感器 10. 上支架 11. 测力传感器 12. 法兰

装备具备自动刮树皮、刷药、针刺钻孔、橡胶收集等功能。采胶作业机构工作时，先通过平面铣刀刮平橡胶树表面并涂刷药剂，随后通过钻取机构在刷药位置进行针刺钻孔。结束一次刮平、涂药、钻孔采胶程序后，采胶作业机构沿圆形轨道旋转一定角度，之后重复以上步骤，直至完成 1/2 树干面采胶作业。

地轨移动式针刺采胶机器人，将针刺采胶技术与全自动割胶技术融合，规避了树干不规则、树皮厚度不均匀影响自动化采胶作业的难题，提升了装备对复杂树干工况的适应性。通过压力传感器与步进电机、自控程序、深度限位机构的协同，实现采胶深度的精准控制。通过采胶点间距规划、刺针直径的选型、刺针运动偏摆的控制，实现耗皮量精准控制。该装备采用针扎或针钻方式采胶，整机质量可控制在 35kg 以下，单株采胶时间＜20s，针孔直径在 2.0～3.0mm，采胶孔间距为 2cm×2cm，可单孔或多孔采胶，采胶深度根据树皮厚度自主调控。通过锂电池或太阳能电池供电，具备手机 App 远程控制或自主采胶功能。采用乙烯气刺技术，产量可达到传统人工割胶的 80％以上。主要技术参数如表 4-4 所示。

表 4-4 主要技术参数

项目	技术参数
供电方式	锂电池（或太阳能电池）
电压（V）	24
针刺孔洞直径（mm）	2.0～3.0
针数	2～4
采胶效率（s/株）	<20

为测试装备作业性能，在海口橡胶园展示基地进行了试验。选择 3 株种植间距为 4.2m 的橡胶树，利用铝型材在离树约 1m 处搭建长度约为 6m 的地面硬导轨（图 4-108），分别对每一株橡胶树进行刮皮、刷药、针刺钻孔等采胶操作。试验结果显示，以装备在树间移动及前述的全部采胶作业流程耗时计算，单株树采胶耗时约 20s，刮皮、刷药、针刺过程均符合生产规程要求。由于集成了多项采胶作业功能，装备结构复杂，体积及质量也偏大，因此，设备安装较为复杂。

图 4-108 地轨移动式针刺采胶机器人

本章小结

在当下刺激采胶制度下，采胶作业除了通过切割树皮让胶乳流出来以外，日常还包括涂抹乙烯利、在胶碗中加注适量氨水凝固、收胶等工作，胶工劳动强度较大、耗时长。因此，本装备的研究，探索了多功能采胶装备，集成设计了自动刮皮、涂抹乙烯利、针刺采胶、加注氨水、收集胶乳、采胶参数实时采集、故障报警等功能模块，以一机多树的采胶模式，借助硬轨实现树与树之间的运动，完成采胶作业。系统平台借助滑行轨道，带动采胶作业机构进行 X 轴、Y 轴、Z 轴方向的自由移动，通过 PLC 控制系统来完成采胶作业，通过平面铣刀在橡胶树表面进行刮平和刷胶，通过钻取机构在刷胶位置进行打孔钻取，打孔深度、数量和间距可进行设定。

该装备突破了采胶深度调控，采胶位置精准定位与智能记忆，装备在地轨上的行走与停车，采胶模块刺针的自动作业与复位等关键技术，实现了针刺采胶与全自动割胶机的融合，规避了树干不规则、树皮厚度不均一对全自动采胶装备工作的影响，提升了装备在田间作业的广适性和通用性。采用地轨移动模式，避免了橡胶园复杂地形对装备作业的影响。该装备是国内外首台集多项作业功能于一体的采胶机器人，对于从根源上解放采胶劳动力是一种非常有意义的探索。

第五章　空轨移动式全自动针刺采胶机研究

第一节　空轨移动式全自动针刺采胶机研发设计

一、装备系统平台的设计与研究

（一）全自动采胶装备设计的农艺要求

在移动式全自动针刺采胶机设计前，需要从农艺的角度出发，了解传统的橡胶树割胶技术规程与制度要求。割胶是指采用特制的工具，从橡胶树树干割口处切割树皮，使胶乳从割口处流出以获取橡胶的操作。割胶后形成一段近似圆柱螺旋线的割线，割线倾斜度即为切割螺旋升角。阳刀割胶时，其倾斜度为25°～30°；阴刀割胶时，其倾斜度为40°～45°。采用阳刀割法的橡胶树如图5-1所示。

割胶操作过程中需保证沿树干径向的割胶深度和沿树干轴向的树皮消耗量（简称耗皮量）2个指标在合适范围内。割胶深度是指割胶时割去树皮的内切口与形成层的距离，常规割胶时为1.2～1.8mm。耗皮量是指每刀切割下树皮的厚度，不同割制对应的耗皮量会有细微差异，但一般都在1.0mm左右。

天然橡胶收获物为来自乳管内的胶乳。胶乳主要是通过叶片光合作用形成的，通过树干的管道自上向下运输。研究胶乳的形成过程特点后发现，割胶运动轨迹对乳管的切割情况会直接影响到胶乳产量。橡胶树树皮中有乳管系统，乳管是形成胶乳和储藏胶乳的主要组织。橡胶树树皮是除去树干的木质部组织外的部分，包括周皮、韧皮和形成层，又可以根据树皮结构从外往里分为粗皮、砂皮、黄皮、水囊皮和形成层，如图 5-2 所示。

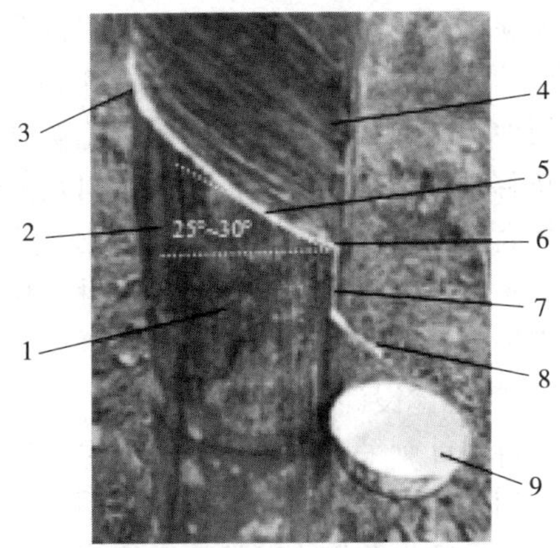

图 5-1　开割后的橡胶树

1. 待割面　2. 割线倾斜度　3. 割线　4. 已割面　5. 割口
6. 胶乳　7. 水线　8. 胶舌　9. 胶碗

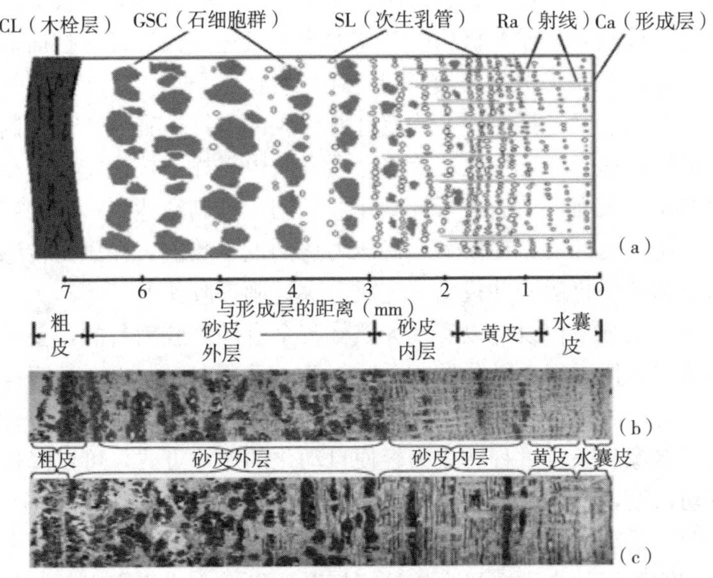

图 5-2　天然橡胶的树皮剖面结构

(a) 巴西橡胶树树皮横切面图解　(b) 横切面光学显微镜照片
(c) 径向切面光学显微镜照片

移动式全自动针刺采胶机是以刺针作为采胶工具。与传统的割胶方式不同，针刺无须考虑割面的规划，对采胶的技术要求也较低，所以容易实现。在设计过程中，同样需要遵循传统的割胶农艺制度。虽然针刺与刀割为两种不同的采胶方式，但是避免伤树是两者都要考虑的重要因素。空轨移动式全自动针刺采胶机是以橡胶树树干作为支撑，在离地面适当高度架设软硬轨道，辅助采胶装备实现移动采胶，可有效规避地形、树位等复杂橡胶园工况环境对采胶机的影响。这里为节约成本，采用较为经济的钢丝软轨方式。

（二）系统平台的总体设计

空轨移动式全自动针刺采胶机的系统平台主要包括导轨装置、针刺采胶作业机构、PLC 控制模块、电源供应模块、行进机构五大部分。系统平台的针刺采胶作业机构以悬挂于橡胶树树干的绳索为行走轨道。在驱动电机的带动下，采胶机能够在多个自由度上移动或转动，具有较高的灵活性。在 PLC 系统的控制下，依靠各类传感器来指导针刺采胶作业机构完成采胶工作，实现对橡胶树的全自动针刺采胶功能。针刺采胶作业机构的工作方式可概述为：通过遥控面板或者手机 App，控制采胶机在绳道上自由滑行，可根据安装在橡胶树上的固定架的位置选择启停，确定针刺采胶的下针位置点；由控制端向执行机构传递指令，抱紧装置将会慢慢向内靠拢，按设定压力锁住橡胶树的树干表面，然后进行针刺作业运动；当刺针达到一定的刺入深度时，树皮内部会存在压力，待压力达到设定数值，在压力传感器的作用下刺针停止运动并拔出，完成一次针刺采胶作业。

（1）系统平台设计以实现天然橡胶全自动采胶为目的，要求能够对多株橡胶树进行自动化针刺采胶作业。采用对系统平台远程操控的方式，对橡胶树进行针刺钻孔从而得到胶乳。该采胶机能够将传统繁重的天然橡胶采收过程转化为轻便自动化的作业方式，可以降低胶工的劳动强度，节约劳动资源，提高天然橡胶产业的生产效率。

（2）系统机械结构的主要运动，即圆周旋转、前后翻叠、上下升降等，拟采用“步进电机＋蜗轮蜗杆”的组合方式来实现。其他机构的运动形式主要也是采用蜗轮蜗杆的传递方式。

（3）系统平台的供电既可采用外接电源 220V 来实现，也能够采用自带电池的形式。

(4) 系统平台拟采用PLC控制技术，通过触摸屏进行系统操作，以实现全自动程序运行、分点位程序运行、运动机构单步运行动作。通过PLC控制命令对运动机构的动作定位，以系统平台的设定运动功能为参照，能够实现对水平运动、前后伸出运动、上下升降运动、钻取机构伸出运动、针刺钻取运动等的参数设定。

(5) 系统平台拟设远程控制模块（A-BOX），通过WEB、App终端，实现采胶机远程动态数据监测、参数设置和功能控制。远程控制模块内置移动网络，无需重新对控制系统进行网络布线，即能实现远程通信，也能够节约内部空间。

(6) 系统平台的工作模式采用模块化设计。依据橡胶树的种植农艺要求，采胶机系统平台的输送方式采用固定于橡胶树树干的滑绳来实现，实际中可根据橡胶树的种植面积规模，对输送平台进行相应的扩展。

系统平台的主要设计参数如表5-1所示。

表5-1　空轨移动式全自动针刺采胶机的主要设计参数

质量（kg）	尺寸（m）	控制方式	采胶总时长（s）	行程（m）
<25	1.3×0.45×0.26	App远程控制	40	0.6

二、机械运动系统的结构设计

(一) 整体结构

空轨移动式全自动针刺采胶机的机械结构可分为行走模块、升降模块、抱紧模块、旋转模块和针刺模块等，如图5-3所示。图中只对采胶机的三维模型进行建立，控制模块、电路线等部分则不展示，只在实物中做出设计。采胶机从初始位置移动到指定的针刺采胶点的机械运动，可由手机App、触摸屏等方式进行遥控。每个模块都具有各自的功能特点，现对各模块的设计原理、工作过程、结构组成等进行介绍。

采胶机的伸缩防护筒总共有3层，可根据垂直臂的实际采胶距离来实现自由式的拉伸与收缩效果，从而达到调节臂展长度的目的，如

图 5-4 所示。同时，机体内部布满各类型的电线、控制器、驱动器等电子元器件，橡胶园的复杂环境容易对其产生干扰与影响，因此加装伸缩防护筒与防护罩也能够较好地对其进行保护，并且在防护罩上便于安装控制面板、无线控制模块与外接电源。

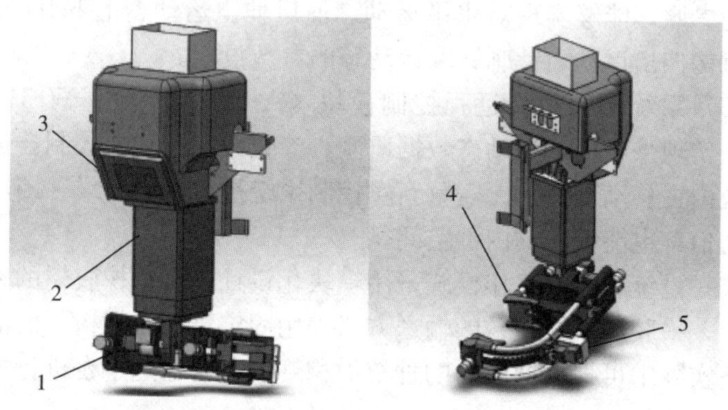

图 5-3　空轨移动式全自动针刺采胶机三维模型图
1. 旋转模块　2. 升降模块　3. 行走模块　4. 抱紧模块　5. 针刺模块

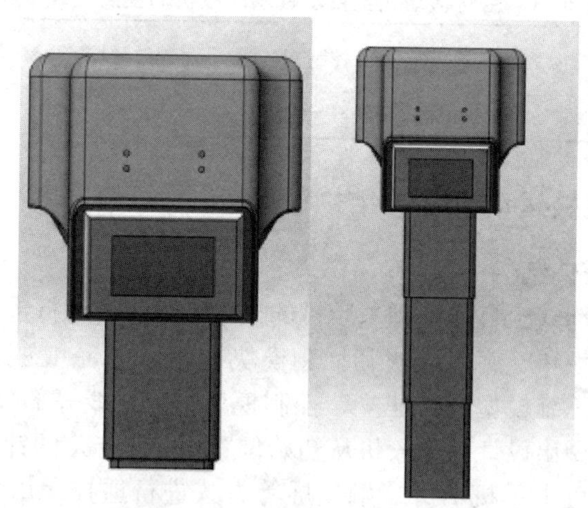
图 5-4　伸缩防护筒的变形样式

为了能够直观表达机体的内部结构，在三维模型绘图软件上，将伸缩防护筒与防护罩等结构部件进行隐藏，如图 5-5 所示。

采胶机的实物样机如图 5-6 所示。实物的外形特征、内部结构等方面与虚拟样机的设计基本保持一致。

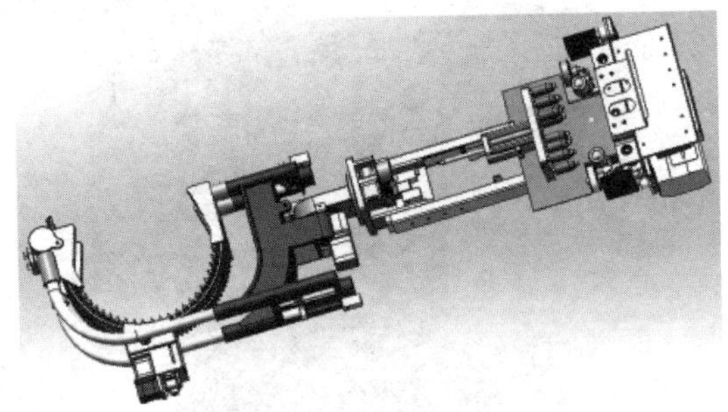

图 5-5　空轨移动式全自动针刺采胶机内部结构

图 5-6　空轨移动式全自动针刺采胶机实物样机图

(二) 行走模块的设计

空轨移动式全自动针刺采胶机的行走模块如图 5-7、图 5-8 所示，主要由垂直连接轴、防脱轮、下导轮、水平支撑轮、固定架与定位舌等零件组成。钢丝绳索穿过垂直连接轴之间存有的空隙，与水平支撑轮直接接触；防脱轮能够保证绳索始终固定在行走模块上，让采胶机在运动时不发生脱出绳轨的情况。

当采胶机到达橡胶树上的固定架位置时，定位舌在弹簧的作用下，从采胶机固定架中弹出并卡到采胶机固定架下端的 V 形口处，将采胶机牢牢定位在固定架上，如图 5-9、图 5-10 所示。

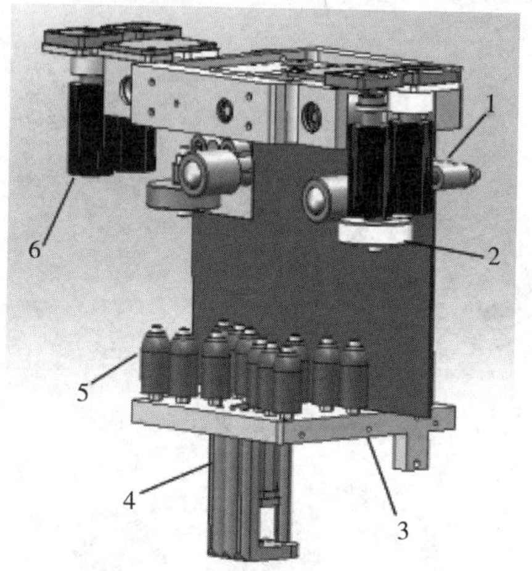

图 5-7 行走模块的三维内部结构
1. 防脱轮 2. 水平支撑轮 3. 固定架
4. 定位舌 5. 下导轮 6. 垂直连接轴

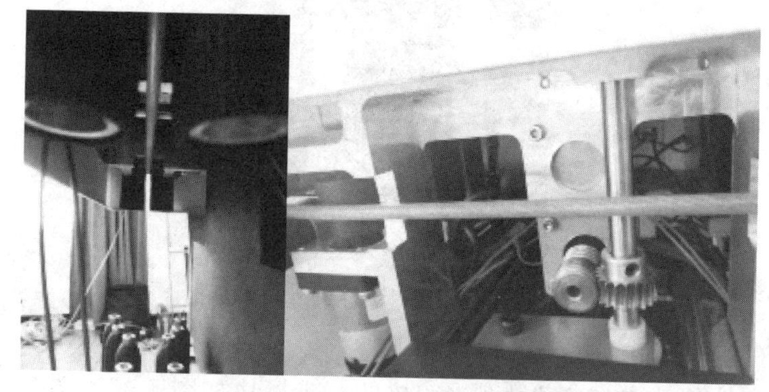
图 5-8 钢丝绳索与行走模块的安装方式

1. 钢丝绳索的选用 由于橡胶种植园处于热带地区，气候炎热且湿度较大，因此在钢丝绳索的选用方面，考虑加上一层外沿的橡胶保护层，防止钢丝绳索出现锈蚀，同时也能够减少钢丝绳索与滑轮之间的摩擦力，便于采胶机的运动。钢丝绳索的悬挂位置如图 5-11 所示。

2. 采胶机固定架的选用 空轨移动式全自动针刺采胶机的运动

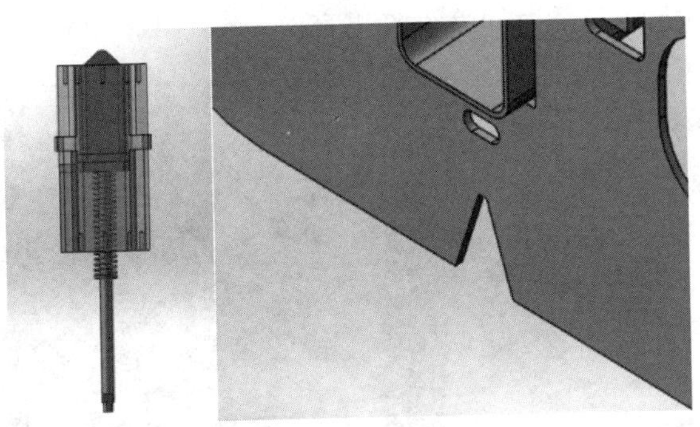

图 5-9　定位舌的安装位置示意

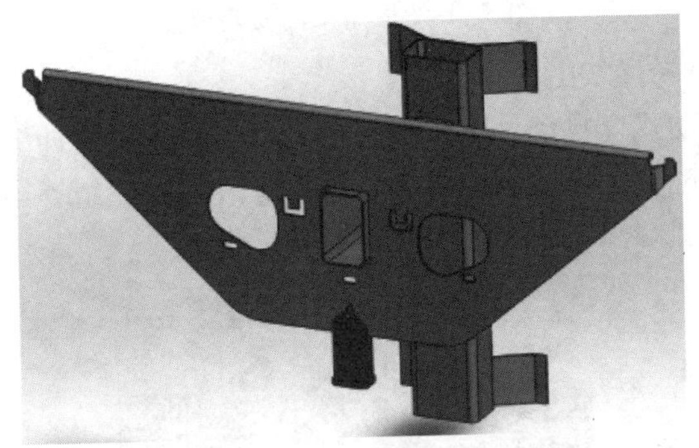

图 5-10　固定架与定位舌的位置关系

图 5-11　钢丝绳索的悬挂位置

需要借助绳索，需要在橡胶树上安装固定架，将绳索紧扣在固定架上，如图 5-12 所示。这里选用 4 个固定架，分别固定在 4 株橡胶树上，在橡胶树距离地面大约 1.8m 处的树干上进行安装，固定架与橡胶树树干的配合关系由伸缩箍来决定。

图 5-12　固定架的安装位置

（三）升降模块的设计

空轨移动式全自动针刺采胶机的升降模块主要由伸缩防护筒、导轨、链条、链轮、拖链固定板、旋转座、旋转齿轮组等零件构成。其运动形式如图 5-13 所示。

图 5-13　升降模块的运动形式

升降模块的实体结构与三维模型，如图 5-14 所示。升降模块的机架要承载采胶机各部件质量带来的荷载，比如运动时产生的横向与纵向不定荷载，也确定各个模块的相对位置关系与运动方向。升降模块的机架由铝合金型材拼接而成，导轨与导轨可相互滑动。为了增加机架的刚度，在两侧导轨中间钻有螺孔。采胶过程中，工作平面在传动链上。虽然传动链处设计有相应的稳固装置，但是为满足采胶运动时的刚度，考虑在导轨上安装拖链固定板，保证采胶机在运动过程中，整体不会在其他方向上产生位移与抖动。

(四) 抱紧模块的设计

空轨移动式全自动针刺采胶机的抱紧模块主要由连接板、抱紧齿轮座、柔性导轨支架臂、锁紧螺杆、连接铝管以及上下两处的柔性导轨等组成，如图 5-15 所示。抱紧模块是依靠抱紧齿轮与柔性导轨上的齿对的啮合，实现自由收缩与舒张；为了避免柔性导轨抱紧树干后出现晃动的情况，通过锁紧螺杆作用，让连接板与树干更好地贴合在一起。

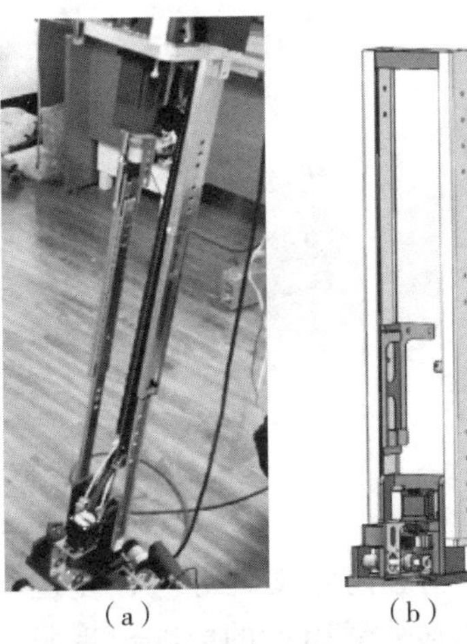

(a)　　(b)

图 5-14　升降模块的内部结构
(a) 实体结构　(b) 三维模型

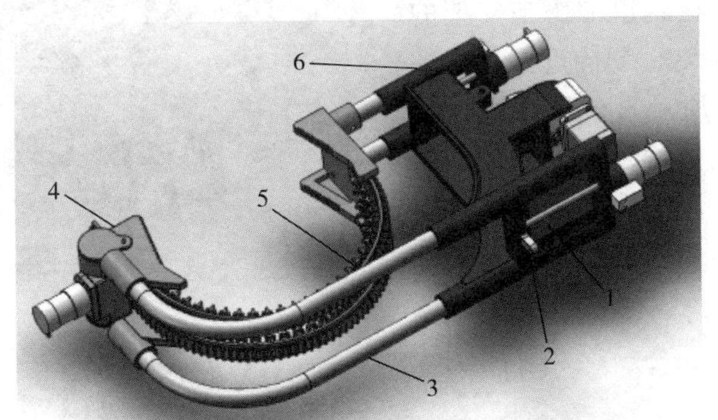

图 5-15　抱紧模块的三维模型
1. 锁紧螺杆　2. 连接板　3. 连接铝管　4. 抱紧齿轮座
5. 柔性导轨　6. 柔性导轨支架臂

连接板、连接铝管与柔性导轨又构成了抱紧装置，如图 5-16 所示。柔性导轨上设计为锯齿形状，便于采胶机抱住橡胶树的过程中，增加与树干外沿的接触摩擦力。柔性导轨具有较好的延展性，因此，在抱紧齿轮（图 5-17）往回运动时，柔性导轨能够承受一定程度上的弯曲变形。

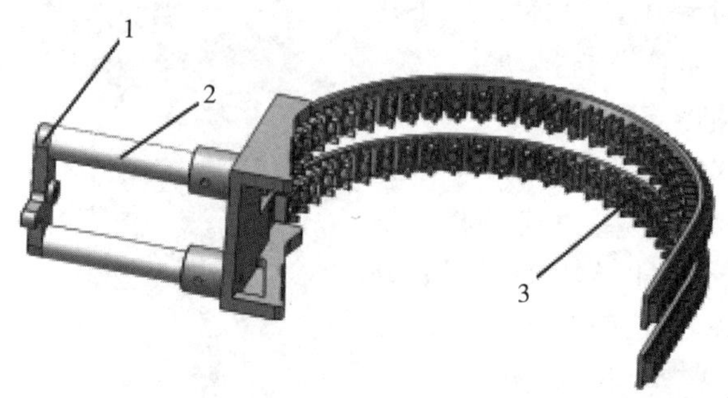

图 5-16　抱紧装置的三维模型
1. 连接板　2. 连接铝管　3. 柔性导轨

为了防止柔性导轨在复位时受到外界因素的影响出现脱轨情况，实际样机制造中会在柔性导轨的端头处设置一个金属片条，在轨道端头与支架的接口处安装一个接近开关，如图 5-18 所示。金属片条靠近支架时就会触发接近开关的感应回路，让柔性导轨的运动及时停止，从而避免过度运动造成脱轨。

图 5-17　抱紧齿轮的三维模型

图 5-18　抱紧装置中金属片条、接近开关所在位置
1. 金属片条　2. 接近开关

（五）旋转模块的设计

空轨移动式全自动针刺采胶机的旋转模块以大臂为主体结构。大臂结构主要由水平旋转座与上下旋转臂两部分构成，包括了水平旋转齿轮、旋转轴心齿轮、蜗轮蜗杆、限位块、旋转座、旋转加强板等零件，如图 5-19 所示。

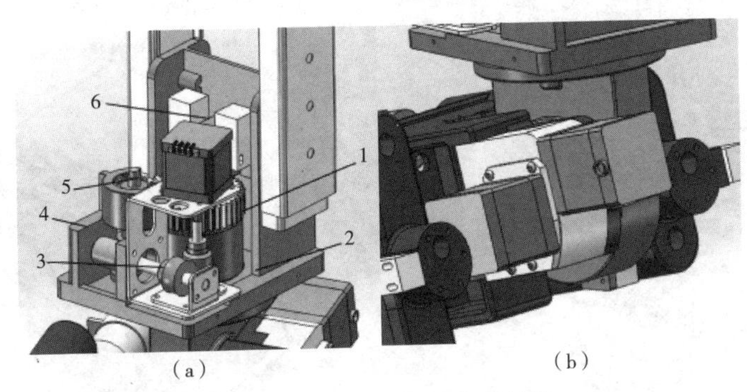

图 5-19　旋转模块的内部结构

(a) 水平旋转座　(b) 上下旋转臂

1. 旋转轴心齿轮　2. 旋转座　3. 蜗轮蜗杆

4. 旋转加强板　5. 水平旋转齿轮　6. 限位块

旋转模块的转动，是通过旋转轴心齿轮（主动轮）与水平旋转齿轮（从动轮）的啮合来实现，而主动轮是由电机带动蜗轮蜗杆来完成驱动的。旋转模块的运动齿轮组如图 5-20 所示。

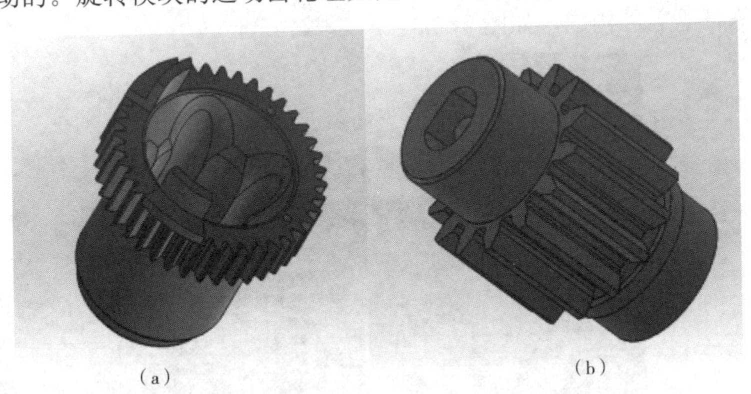

图 5-20　旋转模块的运动齿轮组

(a) 旋转轴心齿轮　(b) 水平旋转齿轮

由于电机的输出转速过快，在采胶机动力传递的设计上，通过两级减速器来使其达到预期运动的传动比效果，减速器的传动比为1∶400，从而确保了大臂旋转过程中的稳定性。旋转模块的大臂结构、水平两级减速箱三维模型分别如图5-21、图5-22所示。

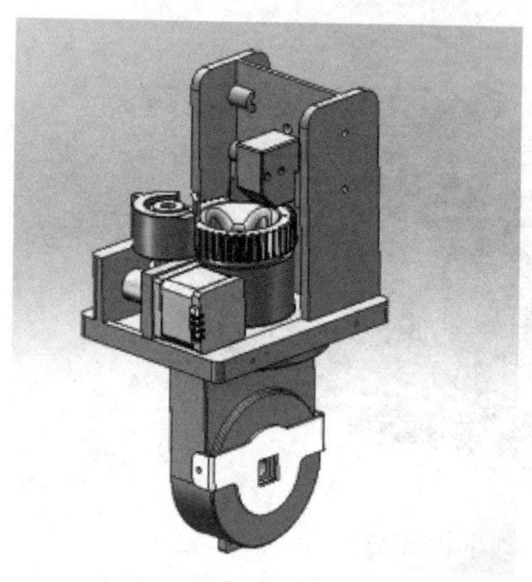

图5-21　旋转模块的大臂结构三维模型

图5-22　水平两级减速箱三维模型

（六）针刺模块的设计

空轨移动式全自动针刺采胶机的针刺模块主要由刺孔滑座、刺孔电机护罩、刺孔电机支架、刺孔导杆、传感器座、抱紧齿轮组以及蜗轮蜗杆等零件构成，如图5-23、图5-24所示。

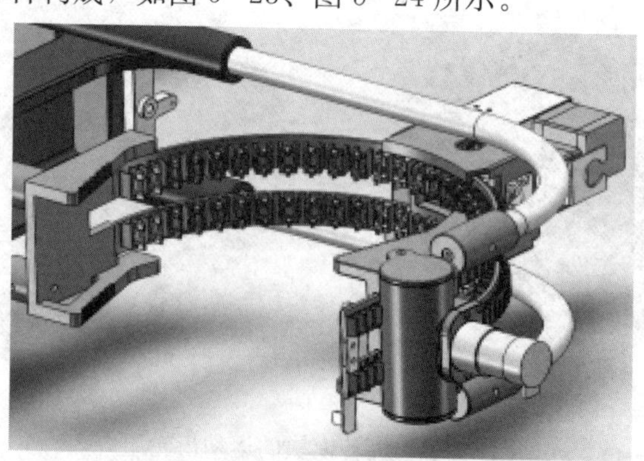

图5-23　针刺模块的安装位置

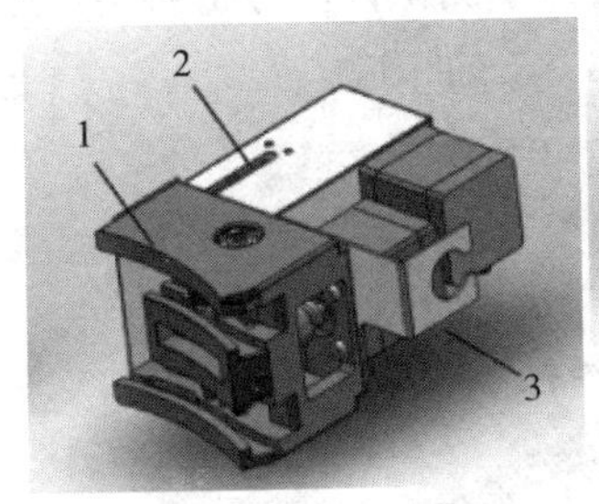

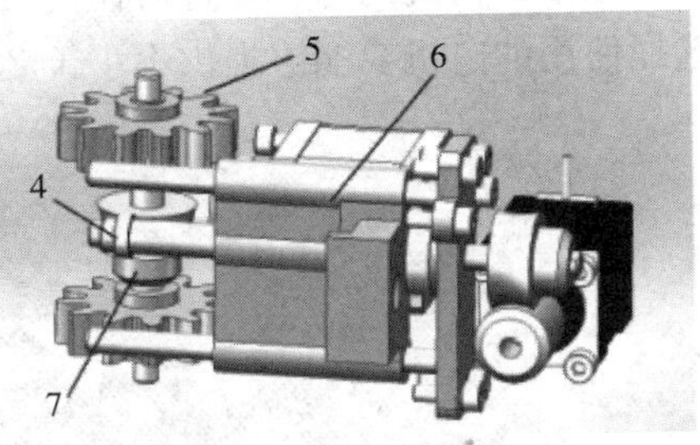

图 5-24　针刺模块的实体结构

1. 刺孔滑座　2. 刺孔电机护罩　3. 刺孔电机支架　4. 刺孔导杆　5. 抱紧齿轮组　6. 传感器座　7. 蜗轮蜗杆

针刺模块是依靠抱紧齿轮与柔性导轨上的齿对的啮合，实现圆周运动。刺针运动过程中，由刺孔导杆进行位置导向。当确定采胶位置后，电机驱动蜗轮蜗杆将固定在刺孔螺杆上的刺针推到橡胶树的树皮内部。针刺模块的内部结构如图 5-25 所示。

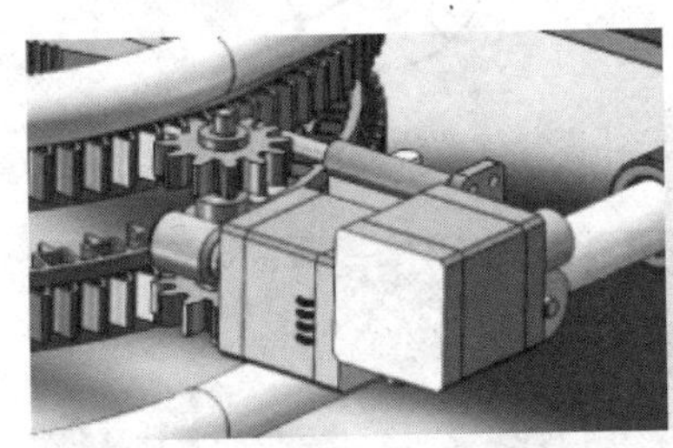

图 5-25　针刺模块的内部结构

（七）刺针材料选择

作为采胶机的关键部件，刺针在结构设计、材料工艺等方面的选用，直接决定了其性能特点，最终影响到采胶的质量水平。刺针的运动是通过电机驱动蜗轮蜗杆来实现的。将其推动到树皮当中时，由于树皮内部存在一定的压力，刺针在进入树皮的过程中会受到一定阻力，同时刺针的圆周直径仅为 2mm，相对于橡胶树的树干直径较为细小，因此刺针需要具有一定的强度与刚度，才能够符合采胶作业时的农艺要求。所以针刺材料的选择对于采胶作业的流畅性有着很大影响。刺针设计如图 5-26 至图 5-28 所示。最后，为了保障刺针被平稳有效地推到树皮内部，经过对树皮的力学测试计算分析得出，原则上选择使用的电机要能够提供不小于 20N 的推力。

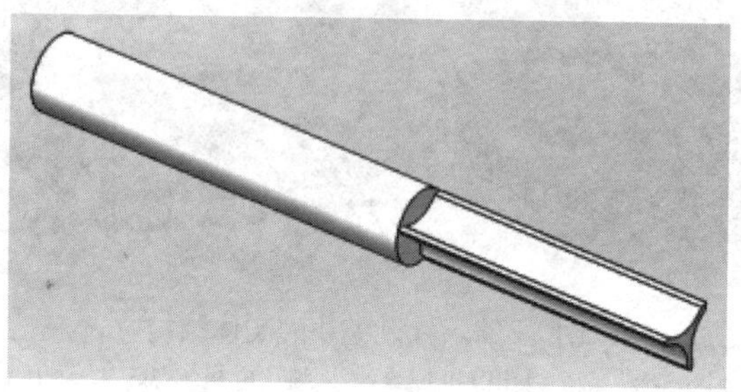

图 5-26　刺针的三维模型

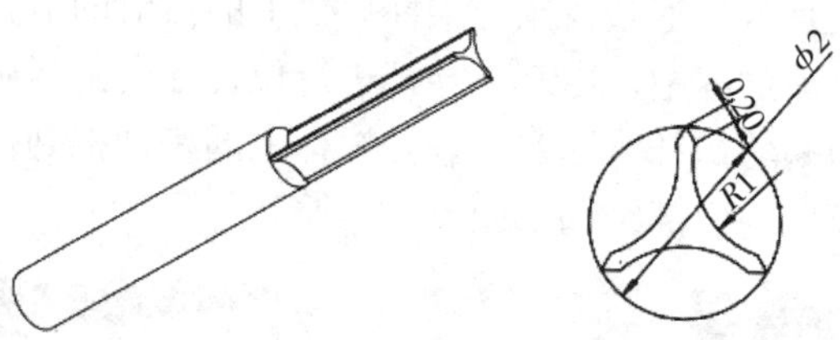

图 5-27　刺针的结构尺寸设计（单位：mm）

图 5-28　刺针的安装位置与实体模型

H13 模具钢在温度较高的环境下，具有较好的强度、硬度、耐热性及耐磨性，具有优良的综合力学性能和较高的抗回火稳定性。由钢中含碳量与淬火钢硬度的关系曲线可知，H13 模具钢淬火硬度在 55HRC 左右。将 H13 模具钢作为制造刺针的材料，其力学特性能够满足针刺采胶作业时橡胶树树皮内部压力过大带来的负载要求。

（八）关键部件参数

1. 水平旋转齿轮　水平旋转齿轮的结构尺寸参数设计如图 5-29 所示。

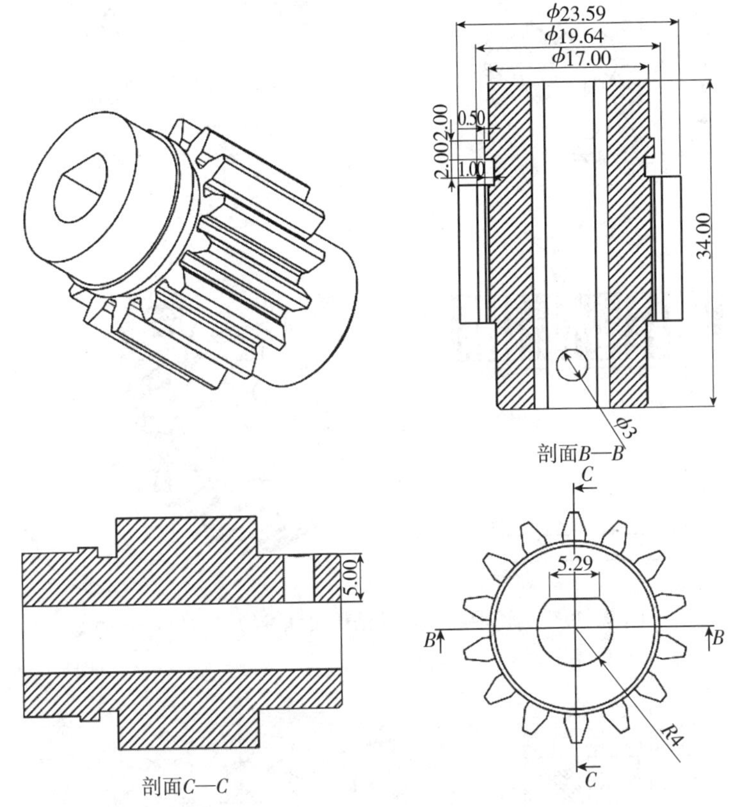

图 5-29　水平旋转齿轮的结构尺寸参数（单位：mm）

2. 旋转轴心齿轮　旋转轴心齿轮的结构尺寸参数设计如图 5-30 所示。

3. 抱紧齿轮　抱紧齿轮的结构尺寸参数设计如图 5-31 所示。

4. 橡胶采集系统平台理论工作效率计算　若要计算采胶机各运动的理论工作效率，首先需要对其采胶的工作流程进行分析，如图 5-32、图 5-33 所示，采胶大致可分为以下几个步骤。

（1）位置调整。采胶机在初始位置 1，在滑绳上通过行走电机移

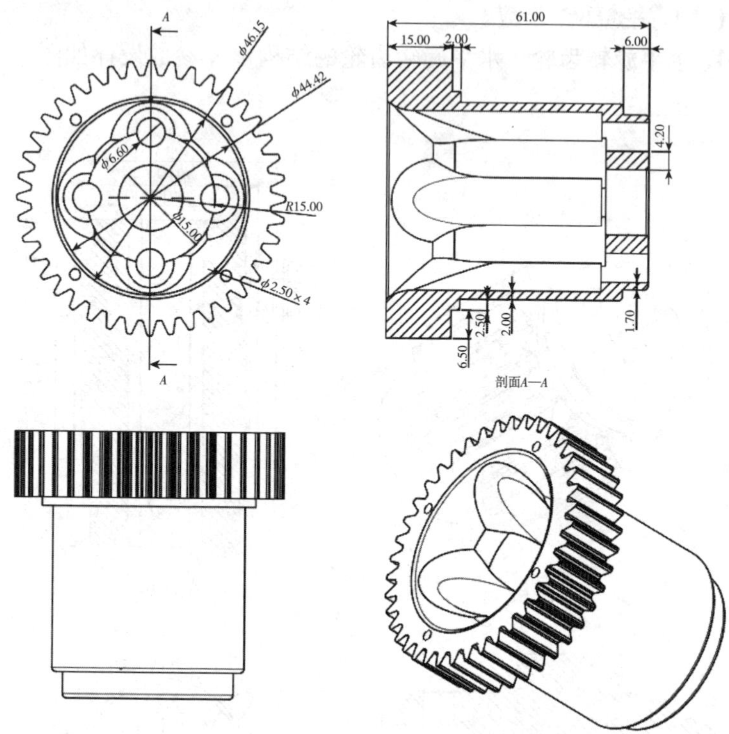

图 5-30　旋转轴心齿轮的结构尺寸参数（单位：mm）

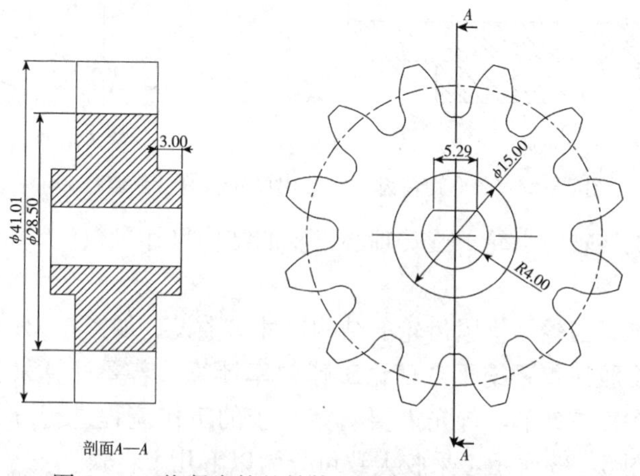

图 5-31　抱紧齿轮的结构尺寸参数（单位：mm）

动到位置 2；到达位置 2 后，通过水平旋转电机将采胶机构移动到位置 3；在位置 3 时由抱紧电机将夹紧装置与树干外表边缘进行贴合，即采胶机处于位置 4 上；然后再通过垂直电机调整工作平面高度；最后通过环形电机调整具体位置。

(2) 开始工作。针刺装置的刺针由蜗轮蜗杆带动伸出，刺入树皮一定深度位置时，会触发压力感应器的设定数值并让机构的运动停止。

(3) 原点复位。当刺入工作完成后，根据控制指令，刺针按照原先路径退回，由位置 4 回到位置 3，抱紧电机则做回程运动，松开夹紧装置并且回到位置 2。

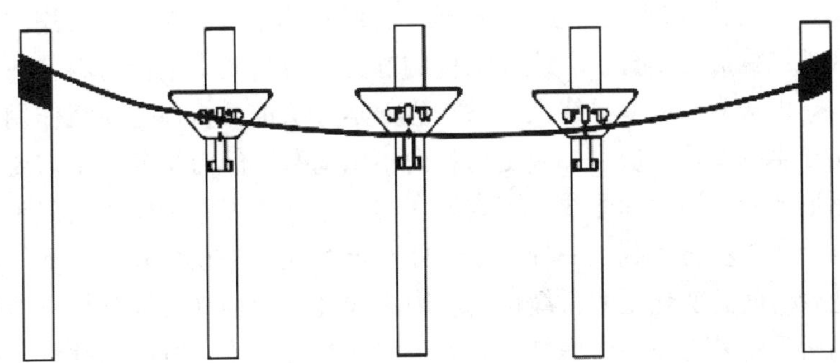

图 5 - 32　固定架安装示意

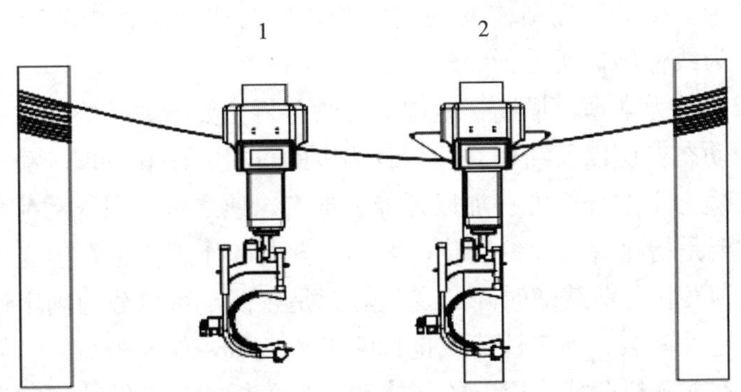

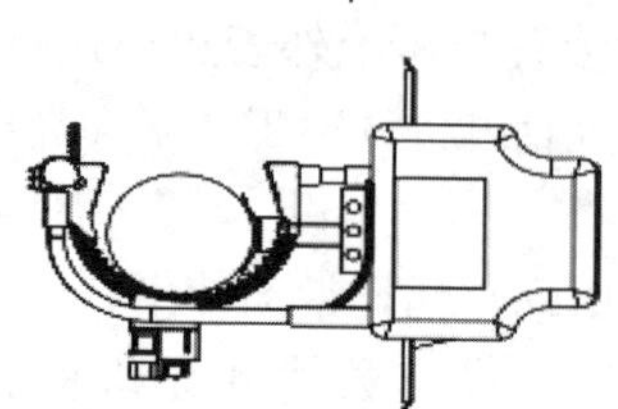

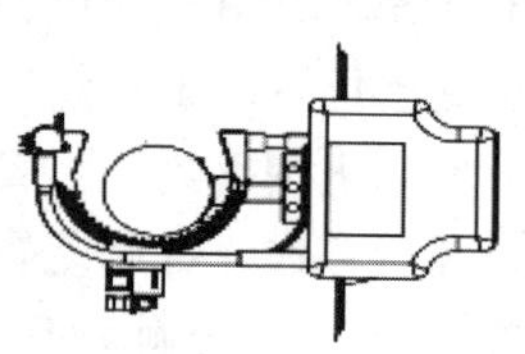

图 5-33　空轨移动式全自动针刺采胶机的作业流程示意

注：1～4 为采胶机的工作位置编号。

（九）采胶机的关键部件有限元分析

1. 有限元理论分析

（1）静力学理论描述。在机械工程结构力学分析中，最常用的就是线性结构静力学分析。线性结构的静力学分析要求结构材料是线性材料，即应力和应变呈线性关系。静力学分析即分析稳态荷载作用下结构产生的变形、应力、应变与各向不定荷载。静力学分析不需要考虑阻尼效应、惯性和非线性因素。在实际工况中固定不变的荷载是很少的，所以稳态荷载是一种假定，即假定线性结构在荷载作用下的响应随着时间的变化是非常缓慢的。因为线性结构的静力学分析只考虑结构所受的外力而不考虑结构的阻尼等非线性因素，所以线性结构的求解公式为

$$\boldsymbol{KU}=\boldsymbol{F} \qquad \text{（式 5-1）}$$

式中，$\boldsymbol{K}$ 为线性结构的刚度矩阵；$\boldsymbol{U}$ 为线性结构中各节点的位移；$\boldsymbol{F}$ 为线性结构所受到的外力。

（2）动力学理论描述。结构动力学分析主要研究结构在动荷载作用下的动态响应以及结构对动荷载响应的分析方法和原理。动力学分析是将静力学的分析方法加以延伸、推广，使之可以用于动荷载。动荷载主要是指随着时间的变化，大小、方向和作用点也发生变化的荷载。动荷载按照荷载随时间的变化规律是否确定可以分为确定性荷载和非确定性荷载。确定性荷载也称非随机荷载，如冲击荷载、简谐荷载等。在非随机荷载作用下的结构动力学分析主要是做结构的振动分析，用以分析结构的动力特性，如分析结构的自振频率、振型和阻尼

等。非确定性荷载也称随机荷载，如地震荷载、风荷载等。结构对随机荷载的动力学分析一般称为随机振动分析。结构在随机荷载作用下没有固定的特性，但是在随机荷载作用下，结构产生的响应具有条件性。

在对结构进行动力学分析时，结构在动荷载作用下产生的位移响应、速度响应、加速度响应、应力响应等都是随时间变化的。结构动力学分析和静力学分析除了结构响应随时间变化的性质不同外还有一点不同，就是结构动力学分析时不需要考虑结构运动产生的惯性荷载的影响。当结构的振动加速度很小的时候，惯性力也很小，可以忽略不计，动荷载可以看作静荷载。当结构的自振频率和作用在结构外部的激振频率相差很大时，激励使结构产生的振动很缓慢，此时产生的惯性荷载很小，可以忽略不计。

在实际情况下，结构都具有分布质量，属于无限自由度体系，需要使用离散化方法将结构由无限自由度体系简化为有限自由度体系。本书中不对结构动力学分析方法做深入研究，仅在现有结构动力学的研究成果上，使用有限单元法通过 ANSYS Workbench 软件对空轨移动式全自动针刺采胶机的主要部件进行结构动力学分析。

使用有限单元法使结构离散化，结构动力学平衡方程为：

$$\boldsymbol{M}\ddot{\boldsymbol{\mu}}+\boldsymbol{C}\dot{\boldsymbol{\mu}}+\boldsymbol{K}\boldsymbol{\mu}=\boldsymbol{F}(t) \quad \text{（式 5-2）}$$

式中，$\boldsymbol{M}$ 为结构的质量矩阵；$\boldsymbol{C}$ 为结构的阻尼矩阵；$\boldsymbol{K}$ 为结构的刚度矩阵；$\boldsymbol{\mu}$ 为结构的位移矩阵；$\dot{\boldsymbol{\mu}}$ 为结构的速度矩阵；$\ddot{\boldsymbol{\mu}}$ 为结构的加速度矩阵；$\boldsymbol{F}(t)$ 为结构离散化后各节点上的荷载矩阵。

2. 采胶机固定架的有限元分析　固定架是橡胶树与采胶机之间的承载体，其结构对于能否顺利进行采胶作业有着重要影响，为此需要具有较好的刚度与强度。在采胶过程中，采胶机是静置在固定架上的，因此要对其进行静应力分析，获得固定架的力学特性参数，以掌握其受力情况。

先对固定架进行边界条件施加，如图 5－34 所示。采胶机的整体质量不超过 25kg，因此在固定架的承载面上添加的最大压力值为 245N，即 25×9.8＝245（N），而固定约束则是在固定架与橡胶树的贴合面之间。

固定架的静应力分析结果如图 5－35 所示。最大形变量为

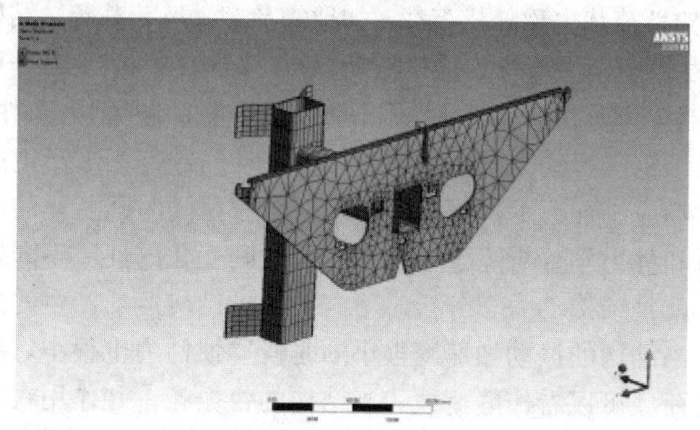

图 5-34 边界条件的施加

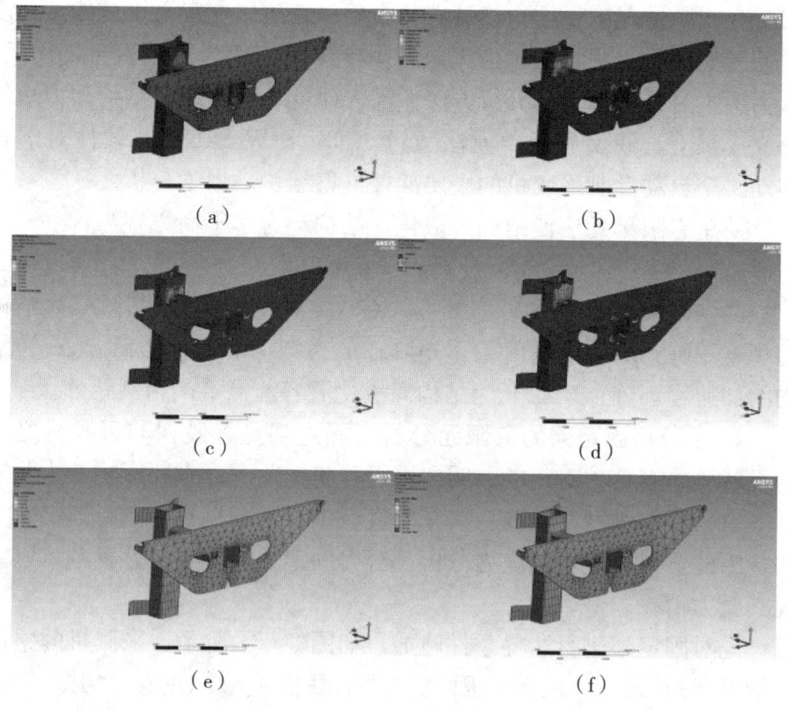

(a) (b)

(c) (d)

(e) (f)

图 5-35 采胶机固定架的静应力分析结果

(a) 变形 (b) 应变 (c) 应力 (d) 安全因子 (e) 切应力 (f) 正应力

0.28mm，集中在固定架与采胶机的接触面上，相较于固定架的整体尺寸，该形变量较小，可忽略不计；固定架的最大应变量为5.7×10^{-4}mm，受到的最大应力为113.8MPa，均出现在固定架的横梁与竖梁焊接处，而选用材料（普通碳钢）的许用应力为235MPa，符合材料的强度要求；安全因子系数均在1以上，最大为15（如果安全因子系数低于1，则固定架的结构设计不符合要求）。综上所述，固定架的设计达到材料性能要求，能够在正常采胶作业的过程中不受到损坏。

3. 结构动力学分析　一个复杂的零件总会存在较多的细小特征，如圆角、倒角、小孔等，这些细小的特征对结构的机械性能影响不大，但却会大大增加网格划分的难度，因此需要对网格进行细化，在这些细小特征处划分出质量比较高的网格，这样做同时也可节省CPU资源，减少后期运算量。下面将这些细小特征进行简化，建立简单高效的有限元模型。

以空轨移动式全自动针刺采胶机中的柔性导轨支架臂（图5-36）为例。从安全角度考虑，将柔性导轨支架臂上的锐边优化为圆角，端部的圆角对柔性导轨支架臂机械性能的影响非常小，可以简化掉；在柔性导轨支架臂两端的侧面小孔是用来固定电机的安装位置的，受力非常小，对柔性导轨支架臂的变形影响可以忽略不计；用于固定其他零部件的螺孔以及定位销的孔，在柔性导轨支架臂工作时，同样受力也非常小，可以忽略不计。柔性导轨支架臂进行几何特征简化后的模型如图5-37所示。

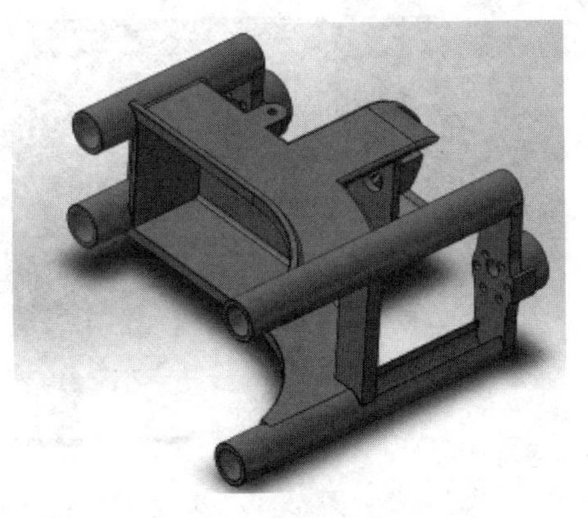

图5-36　柔性导轨支架臂的三维模型

4. 柔性导轨支架臂的有限元分析　空轨移动式全自动针刺采胶机中的柔性导轨支架臂，作为抱紧模块与旋转模块之间的重要连接部件，其结构设计的强度与刚度对采胶作业具有重要影响。通过对柔性导轨支架臂进行模态分析，能够了解在每一阶模态下其固有的频率以及变形情况，再结合作业时的激振频率，分析是否会发生共振而影响整体结构。柔性导轨支架臂的有限元模型如图 5-38 所示。

图 5-37　特征简化后的柔性导轨支架臂三维模型

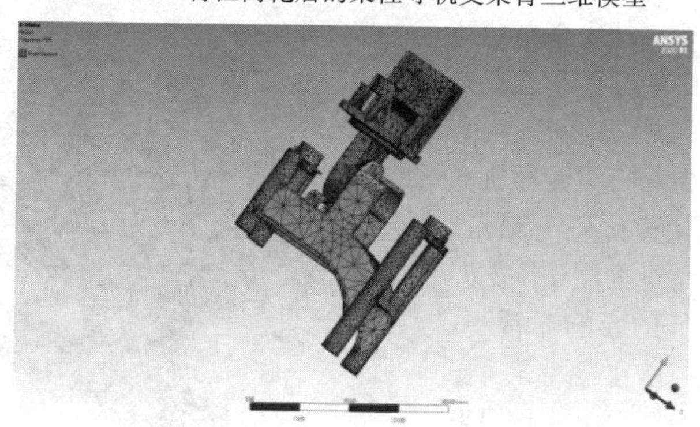

图 5-38　柔性导轨支架臂的有限元模型

采胶机旋转模块选用的驱动电机的额定输出转速为 500～600 r/min，驱动电机对机架产生的激振频率 f 可由下式求得。

$$f = n/60 \quad \text{（式 5-3）}$$

式中，n 为电机工作时的最大转速。

将空轨移动式全自动针刺采胶机抱紧模块中的驱动电机额定输出转速 600r/min 代入式中，可以得到大臂主轴电机的激振频率为 10Hz。该频率不与任一模态频率重合，且远小于第一阶的模态频率，故在采胶机运行的过程中，机架不会发生共振现象，因此所设的机架具有较高的可靠性。柔性导轨支架臂的模态分析结果、前6阶频率、模态变形描述分别如图5-39、图5-40和表5-2所示。

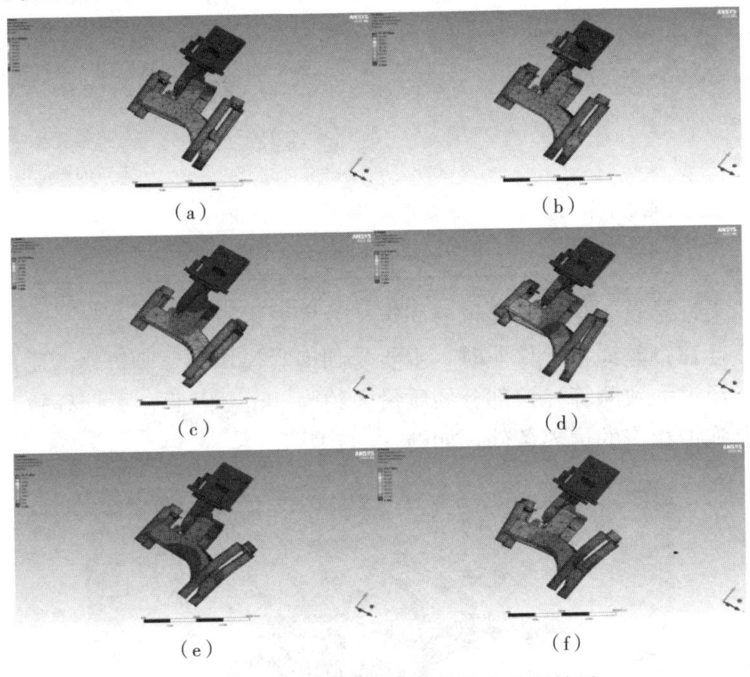

图5-39 柔性导轨支架臂的模态分析结果

(a) 1阶模态 (b) 2阶模态 (c) 3阶模态

(d) 4阶模态 (e) 5阶模态 (f) 6阶模态

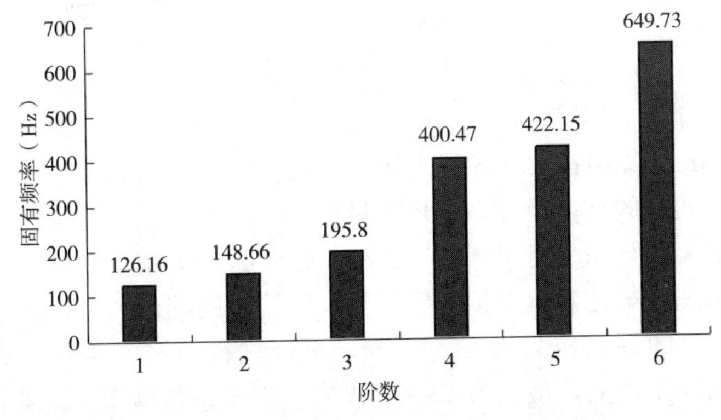

图5-40 柔性导轨支架臂前6阶频率

表 5-2 柔性导轨支架臂的模态变形描述

阶数	固有频率（Hz）	极限转速（r/min）	最大变形量（mm）	变形位置
1	126.16	7 570	26.14	抱紧装置与大臂的连接部位
2	148.66	8 920	25.61	
3	195.80	11 748	31.23	
4	400.47	24 028	32.14	
5	422.15	25 329	42.12	
6	649.73	38 984	31.75	

柔性导轨支架臂同样也与固定架一样要进行静应力分析。当采胶机悬挂在钢丝绳索上作业时，主要受到抱紧模块与针刺模块的质量影响，经过大致测算，该部分的质量大约为5kg，因此在柔性导轨支架臂上施加相应的边界条件，如图 5-41 所示。

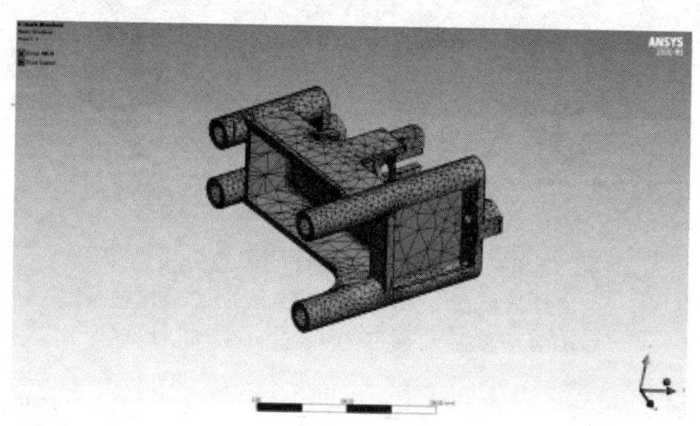

图 5-41 边界条件的施加

柔性导轨支架臂的静应力分析结果如图 5-42 所示。最大形变量为0.78mm，集中在柔性导轨支架臂与铝管的接口端面上。相较于柔性导轨支架臂的整体尺寸，该形变量较小，可忽略不计。柔性导轨支架臂的最大应变量为 4.4×10^{-3} mm，受到的最大应力为 10.3MPa，只零散出现在柔性导轨支架臂后侧与大臂接触的端口面上，而选用材料（ABS）的许用应力为 41.4MPa，符合材料的强度要求。安全因子系数均在 1 以上，最大为 15（如果安全因子系数低于 1，则柔性导轨支架臂的结构设计不符合要求）。综上所述，柔性导轨支架臂的设计达到材料性能要求，能够在正常采胶作业的过程中不受到损坏。

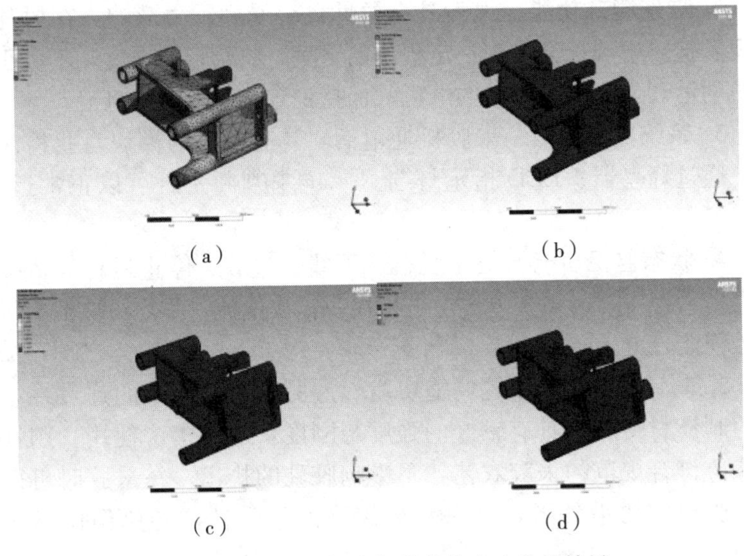

图 5-42　柔性导轨支架臂的静应力分析结果
(a) 变形　(b) 应变　(c) 应力　(d) 安全因子

三、电路控制系统的设计

(一) 电路控制系统设计要求

空轨移动式全自动针刺采胶机系统主要包括机械结构和电路控制两个部分。机械结构是采胶机实现一切预定功能的基础，直接决定采胶机运动学模型建立、控制系统器件选型、控制电路设计等。而电路控制也是实现机械功能的关键，可靠、稳定的电路控制能够使采胶机更好地实现预定功能，从而使采胶机完成橡胶园采胶作业。以机械结构设计为基础，从其电路控制系统的功能要求出发，对采胶机的电路控制系统进行初步设计。针对系统要求，完成了所需器件选型、触摸屏软件设计、PLC 软件设计和系统安装调试等工作。

空轨移动式全自动针刺采胶机电路控制系统的功能要求如下。

1. 适应工作环境　能高度适应南方热带丘陵山地地区的橡胶园环境采胶作业，包括采胶机的启动、停止、前进、后退、转弯、避树、采胶、加减速等方面的运动功能，并且表现出较好的灵活移动性。

2. 坡度爬升功能 绳索具有柔性且会受到重力影响，在树与树之间悬挂时中心处会出现一定程度的下垂，将会形成坡度，不利于采胶机的运动，应选用合适的电机，保持稳定转速，防止打滑。

3. 系统自检功能 采胶机通电后，具有一定的模块自我检测功能，通过蜂鸣器、LED 指示灯与显示屏来判断是否可以正常运行/执行。

4. 状态监视功能 对于脱机、下线、过载、停止运行等情况可发出提示警告，而系统电池组电压以及输出电流，重启可取消，可实现远程监控。

5. 刺针的选型与位置调整功能 为保障针刺运动的连贯性，选择的刺针材料应该具有较好的强度与刚度，能够多次使用。刺针的形状要符合规范的采胶农艺，不影响胶乳的排出。在采胶时可以适应橡胶树的树沿外形，确保针刺深度的一致性，避免伤树的情况出现。

6. 运动位置测量功能 通过无触点接近开关、超声波测距传感器等部件对机械结构的运动进行监测控制，保证每一个动作都能按照预定设计轨迹执行。

7. 系统具备兼容性与可扩展性 除具备正常工作功能外，系统还应具备兼容性，可随着采胶机工作环境的不断变化，收集和处理不同的环境信息以及控制对象；具备可扩展性，可以通过数字接口或通信接口集成更多的子模块，以满足采胶机提高感知或执行能力的要求，使其功能更加齐全。

（二）电路控制系统设计

这里设计的电路控制系统为 PLC 控制，具有可编程控制的功能，可实现电机、开关控制。PLC 控制电柜具有过载、短路、缺相等的保护功能，可完成设备自动化和过程自动化控制，具有性能稳定、可扩展、抗干扰强等特点，同时，搭配人机界面触摸屏，能够轻松操作，可传输 DCS 总线上位机 Modbus、Profibus 等通信协议的数据，可以通过工控机、以太网等方式实现动态控制和监控。空轨移动式全自动针刺采胶机的 PLC 控制系统主要由控制电柜、总电源、插座、控制电源、PLC 配置、PLC 输入、PLC 输出、步进电机控制回路等组成。主机的设计尺寸如图 5-43 所示。

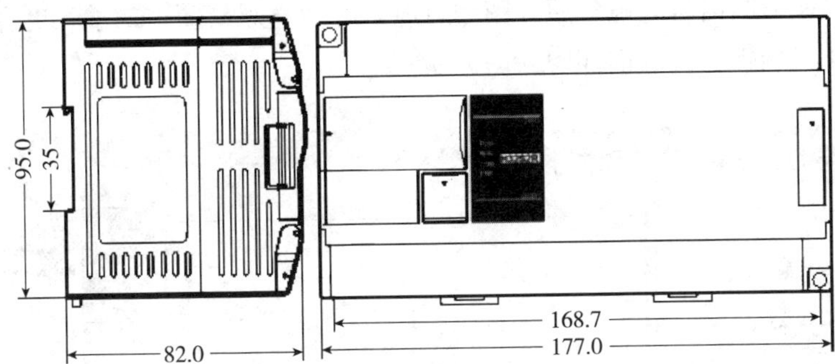

图 5-43　海为 H 系列 H32S2R 型号 PLC 主机的设计尺寸（单位：mm）

此处设计的 PLC 控制系统采用进线电缆供电，电源为 220V（AC），控制电压为 AC 220V/DC 24V。控制电柜布置主要包括开关电源、步进电机控制器、中间继电器、上下互联端子等电子部件。主机的接线端口如图 5-44 所示。

图 5-44　海为 H 系列 H32S2R 型号 PLC 主机的接线端口

空轨移动式全自动针刺采胶机的电路系统控制模块，采用海为 XC 系列的 PLC 编辑工具软件——Haiwell Happy V2. 2. 9 版本来进行程序书写。Haiwell Happy 是一款符合 IEC 61131-3 规范的 PLC 编程软件，用于 Haiwell 系列 PLC 的编程。它支持 LD（梯形图）、FBD（功能块图）和 IL（指令表）三种编程语言。Haiwell Happy 编程软件可运行于 Windows98/200x/XP 以及更新版本的 Windows 操作系统环境下。指令表语言是一种类似汇编语言的助记符编程语言，可以实现在无计算机的情况下，采用 PLC 手持编程器对程序进行编制。梯形图语言与电气原理图相对应，界面直观易懂，初学者更容易掌握。编程软件界面如图 5-45 所示。

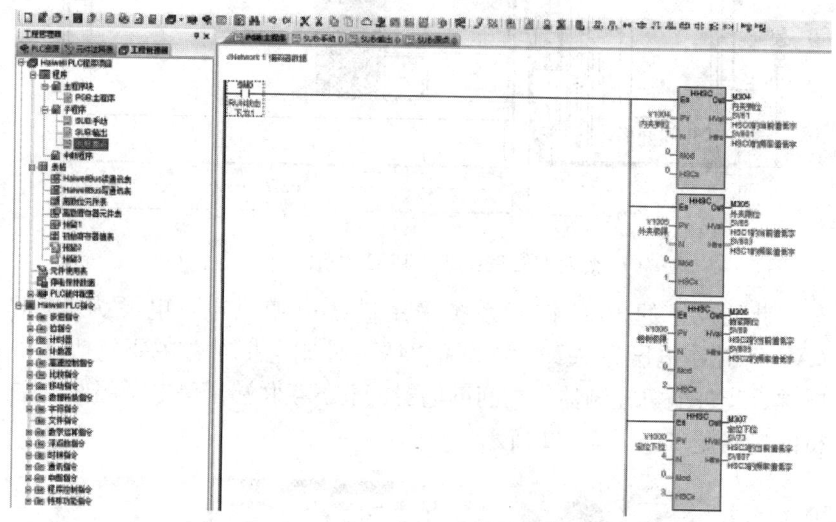

图 5-45　海为 PLC 软件编程界面

空轨移动式全自动针刺采胶机的控制系统，采用海为 PLC 来进行程序编写，具有以下特点。

(1) 通信功能。支持 Modbus TCP、Haiwellbus TCP、Modbus RTU/ASCII、Haiwellbus 高速协议、以太网，支持远程编程、调试、监控及数据交换，通过以太网接口还可与其他 CPU 模块、触摸屏、计算机进行通信。

(2) 固件升级功能。率先在小型可编程控制器中实现固件升级功能，无论是 CPU 主机还是扩展模块，都可以通过固件升级功能对固件进行免费升级，使先前购买的产品也能拥有海为公司不断推出的各种最新功能。

(3) 高速脉冲计数功能。单机支持 8 路 200kHz 双相高速脉冲计数，支持 7 种计数模式（脉冲/方向 1 倍频、脉冲/方向 2 倍频、正/反转脉冲 1 倍频、正/反转脉冲 2 倍频、A/B 相脉冲 1 倍频、A/B 相脉冲 2 倍频、A/B 相脉冲 4 倍频）和 3 种比较方式（单段比较、绝对方式比较、相对方式比较），支持 48 段比较设定值，带自学习功能。

（4）高速脉冲频率测量。单机支持 16 路 200kHz 高速脉冲频率测量，支持以时间或脉冲数方式测量频率。

（5）高速脉冲输出功能。单机支持 8 路 200kHz 双相高速脉冲输出，支持加减速脉冲输出、多段包络脉冲输出功能，独有的同步脉冲输出功能可轻松实现精确的同步控制。单机支持 16 路脉宽调制输出 (PWM)，可同时驱动 16 台伺服或者步进电机。

（6）运动控制功能。单机支持 8 轴 200kHz 运动控制，支持任意 2 轴的直线插补、圆弧插补，支持随动脉冲输出、绝对地址访问、相对地址访问、反向间隙补偿、原点回归、电气原点定义等功能。

（7）PID 控制功能。支持 32 路增量 PID、32 路自整定 PID、32 路模糊温度控制，可配合 TTC 温度曲线控制、VC 阀门控制等指令轻松实现工业现场的各种复杂控制要求。

（8）边沿捕捉及中断。CPU 主机支持 8 路的上下沿捕捉及中断功能，所有开关量输入支持信号滤波设定，所有开关量输出支持停电输出保持设定。提供多达 52 个实时中断。

（9）强大的模拟量处理功能。可用 AI 寄存器直接访问模拟量输入，模拟量输入支持工程量转换、采样次数设定及零点修正。可用 AQ 寄存器直接控制模拟量输出，模拟量输出支持工程量转换并且可配置停电输出保持功能。

（10）强大的密码保护功能。具有三级密码（工程文件口令、PLC 口令、单独的程序块口令）以及禁止程序上载等保护功能。

空轨移动式全自动针刺采胶机的控制系统程序如图 5-46 至图 5-48 所示。总共编写了三部分，分别是原点程序、输出程序以及手动程序，每个程序都对应着采胶机一个独立的运动模块功能，并且相互配合形成完整的动作响应。

//Network 1 行走

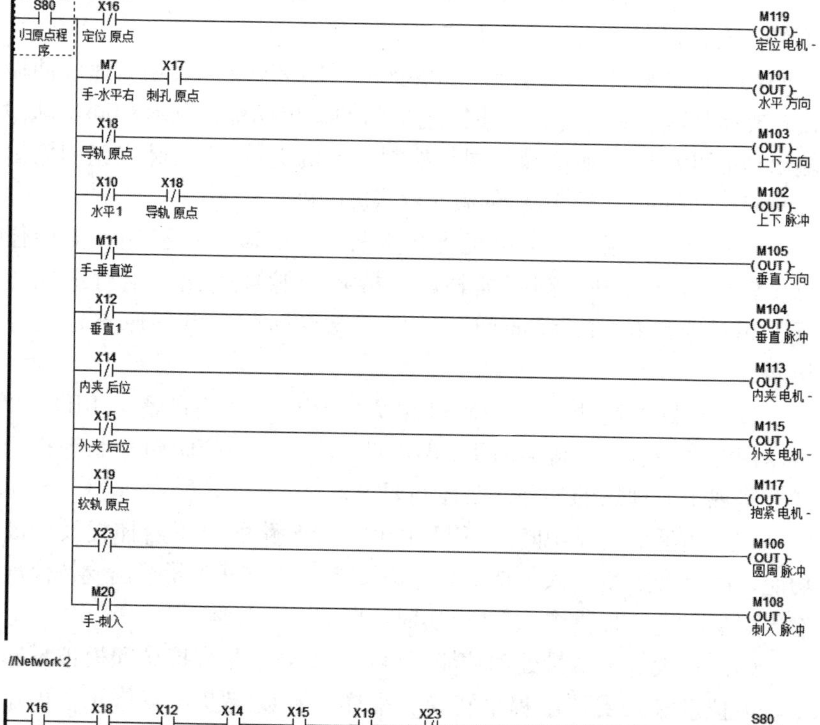

图 5-46　空轨移动式全自动针刺采胶机的控制程序（原点）

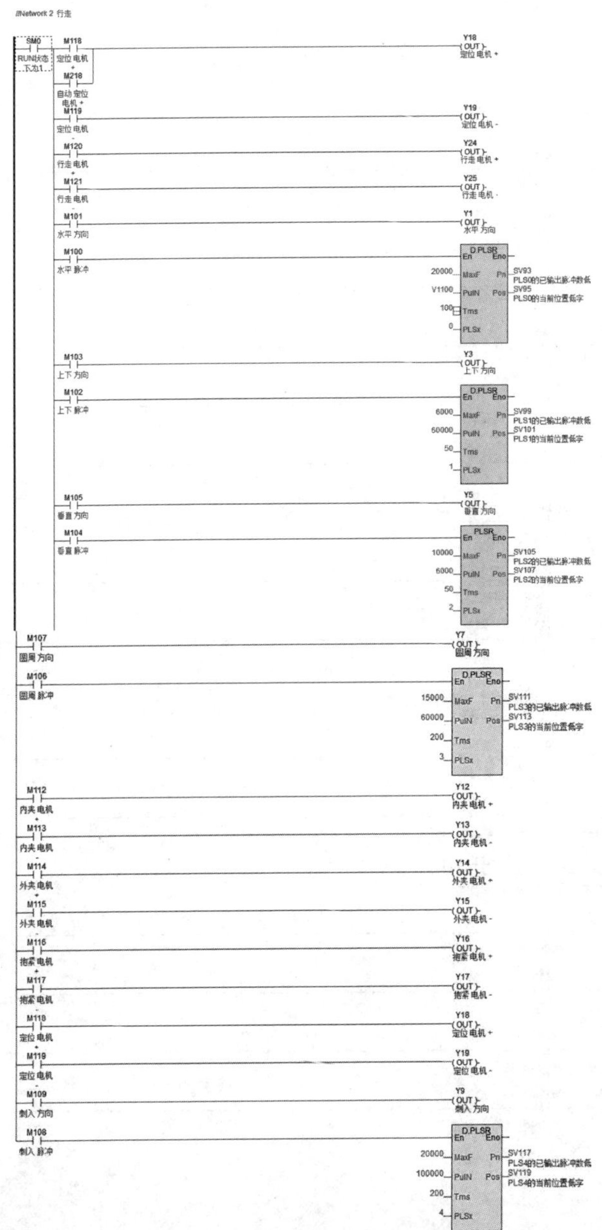

图 5-47　空轨移动式全自动针刺采胶机的控制程序（输出）

//Network 1 行走

条件	触点1	触点2	触点3	触点4	输出
M0 手动	M2 手-定位上	M3 —|/|— 手-定位下			M118 (OUT) 定位电机 +
	M3 手-定位下	M2 —|/|— 手-定位上	X16 —|/|— 定位 原点		M119 (OUT) 定位电机 -
	M4 手-行走左	M5 —|/|— 手-行走右			M120 (OUT) 行走电机 +
	M5 手-行走右	M4 —|/|— 手-行走左			M121 (OUT) 行走电机 -
	M6 手-水平左	M7 —|/|— 手-水平右	X10 —|/|— 水平1		M101 (OUT) 水平 方向
	M6 手-水平左	M7 —|/|— 手-水平右	X10 —|/|— 水平1		M100 (OUT) 水平 脉冲
	M7 手-水平右	M6 —|/|— 手-水平左	X11 —|/|— 水平2		
	M8 手-上升	M9 —|/|— 手-下降	X18 —|/|— 导轨 原点		M103 (OUT) 上下 方向
	M8 手-上升	M9 —|/|— 手-下降	X10 —|/|— 水平1	X18 —|/|— 导轨 原点	M102 (OUT) 上下 脉冲
	M9 手-下降	M8 —|/|— 手-上升	X11 —|/|— 水平2		
	M10 手-垂直顺	M11 —|/|— 手-垂直逆	X12 —|/|— 垂直1		M105 (OUT) 垂直 方向
	M10 手-垂直顺	M11 —|/|— 手-垂直逆	X12 —|/|— 垂直1		M104 (OUT) 垂直 脉冲
	M11 手-垂直逆	M10 —|/|— 手-垂直顺	X13 —|/|— 垂直2		
	M12 手-内抱	M13 —|/|— 手-内松			M112 (OUT) 内夹电机 +
	M13 手-内松	M12 —|/|— 手-内抱	X14 —|/|— 内夹 后位		M113 (OUT) 内夹电机 -
	M14 手-外抱	M15 —|/|— 手-外松			M114 (OUT) 外夹电机 +
	M15 手-外松	M14 —|/|— 手-外抱	X15 —|/|— 外夹 后位		M115 (OUT) 外夹电机 -

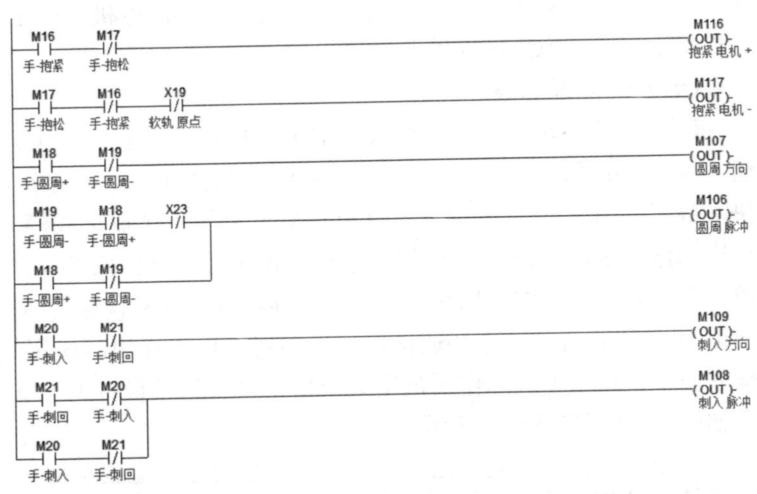

图 5-48　空轨移动式全自动针刺采胶机的控制程序（手动）

（三）总电源设计

总电源包括 CPU 工作电源，各种 I/O 模块的控制回路工作电源，PLC 电源模块，及各种接口模块和通信智能模块的工作电源。PLC 电源模块有 3 个进线端子，分别为 L、N、PE，其中 L 和 N 为交流 220V 进线端子，PE 为系统接地，并与机壳相连。PLC 电源模块的接地端选择截面面积不小于 $10mm^2$ 的铜导体，并尽可能接地，同时要与交流稳压器、UPS 电源、隔离变压器、系统接地相连。

总电源的输入电压为 220V 交流；总电源的输出功率大于 CPU 工作电源、各种 I/O 模块的控制回路工作电源等模块的消耗功率之和，且留有约 30%的余量。扩展单元中的电源模块若有智能模块、故障报警模块等，均按各自的供电范围确定其输出功率。总电源的输入电压是通过接线端子与供电电源相连，输入电压通过总线插座与可编程控制器 CPU 的总线相连。

（四）控制电源设计

PLC 的 CPU 模块工作电压一般为 5V。这里使用 220V 交流电源供电。控制电源首先将 220V 交流电源转变为 24V 直流电源，再为相关部件供电。PLC 为输入电路和外部的电子传感器提供 24V 直流电源，主要为内夹电机、外夹电机、抱紧电机、定位电机、行走电机、复位指示灯等动力部件提供电源。

（五）PLC配置设计

PLC 配置模块包括电源模块、中央处理模块、通信模块、32 点输入模块、8 通道 4～20mA 模拟量输入模块、C-BUS/D 网络主站模块、数字量 16 点输出模块、8 点独立输出模块、底板总线等。电源模块的作用是给 CPU 机架提供电源，给控制系统提供 24V 直流电源；中央处理模块的作用是外设端口和连接外围设备；通信模块通过通信 A 口和通信 B 口支持通信协议宏功能；输入模块的作用是连接输入信号；输出模块的作用是定义输出信号。这里设计的 PLC 配置图如图 5 - 49、图 5 - 50 所示。

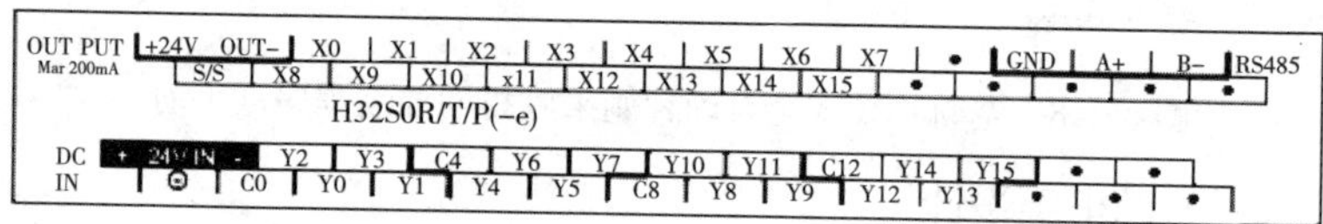

图 5 - 49　海为 PLC 的 I/O 端口分配图

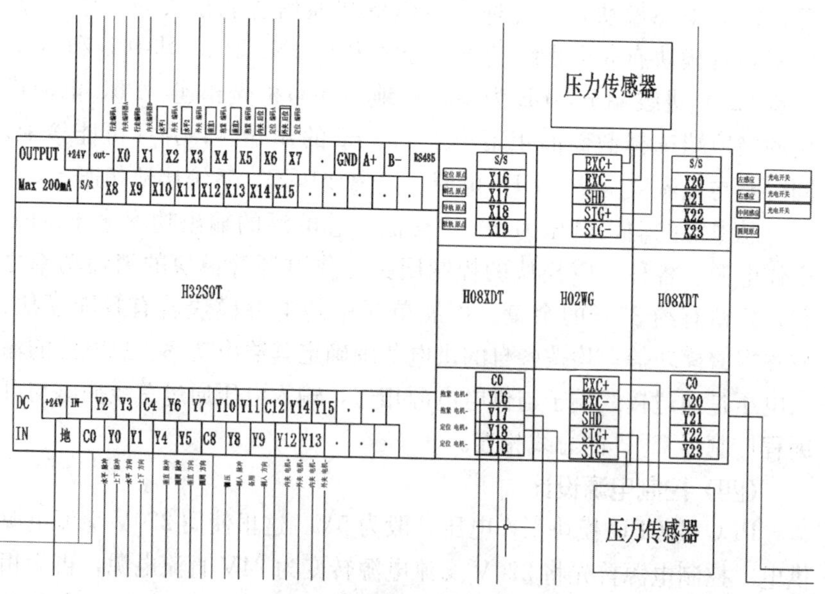

图 5 - 50　海为 PLC 配置图

（六）PLC输入设计

PLC的输入接口电路结构大都相同，按其接口接收的外部信号电源类型划分有两种类型：直流输入接口电路、交流输入接口电路。其作用是把现场的开关量信号变成PLC内部处理的标准信号。这里设计的PLC输入接口电路为直流输入接口电路。在输入接口电路中，每一个输入端子可接收一个来自用户设备的离散信号，即外部输入器件可以是无源触点，如按钮、行程开关等，也可以是有源器件，如各类传感器等。在PLC内部电源容量允许的条件下，有源输入器件可以采用PLC输出电源（24V）。

在直流输入接口电路中，当输入开关闭合时，光敏晶体管接收到光信号，并将接收的信号送入内部状态寄存器。即当现场开关闭合时，对应的输入映像寄存器为“1”状态，同时该输入端的发光二极管（LED）点亮；当现场开关断开时，对应的输入映像寄存器为“0”状态。光电耦合器隔离了输入电路与PLC内部电路的电气连接，使外部信号通过光电耦合变成内部电路能接收的标准信号。

PLC输入接口电路包括内夹、外夹、抱紧、定位、行走、刺孔、左感应、右感应等接口。

（七）PLC输出设计

PLC继电器输出电路允许的负载一般是AC 250V/DC 50V以下，负载电流可达2A，容量可达80～100VA（电压×电流）。PLC的输出不宜直接与驱动大的电流负载相连，这里通过接一个电流比较小的中间继电器，由中间继电器触点驱动大负载。PLC继电器输出电路的继电器触点的使用寿命有限制，一般在数十万次，具体取决于负载。继电器输出的响应比较慢，一般是10m/s左右。这里设计连接感性负载时，为了延长继电器触点的使用寿命，若外接直流负载，则在负载两端加过压抑制二极管；若外接交流负载，则在负载两端加RC抑制器。

PLC继电器输出电路包括水平脉冲、上下脉冲、垂直脉冲、圆周脉冲、刺入脉冲、水平方向、上下方向、垂直方向、圆周方向、刺入方向等接口。PLC继电器输出电路设计如图5-51至图5-55所示。

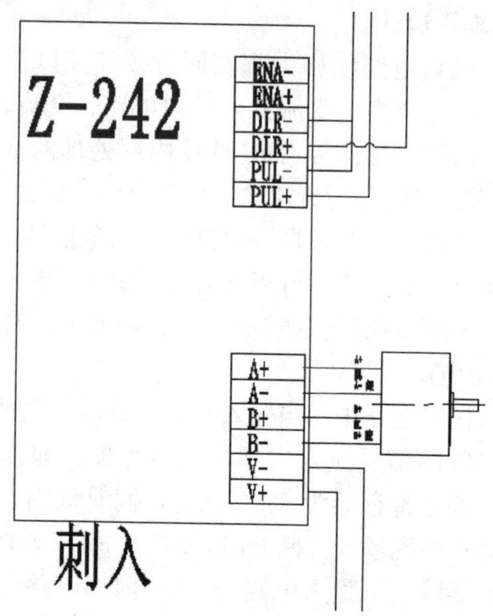

图 5-51　刺针的刺入运动控制电路

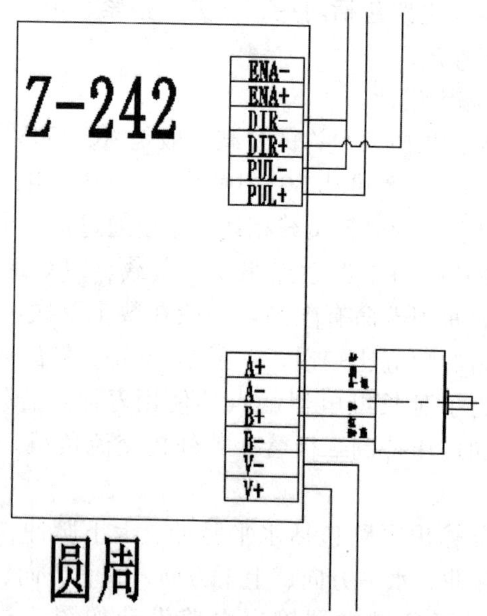

图 5-52　抱紧装置的运动控制电路

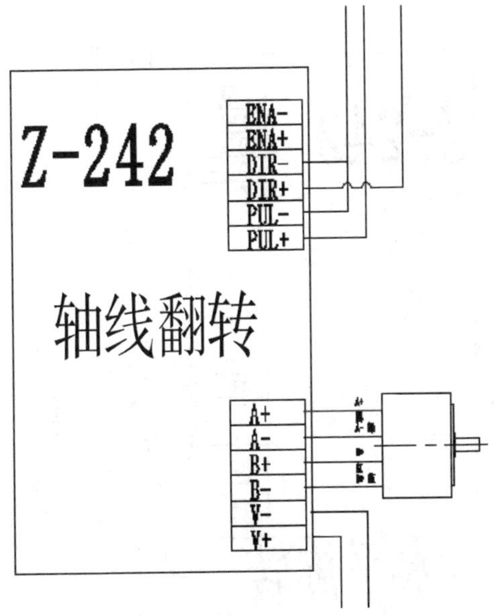

图 5-53　轴线翻转的运动控制电路

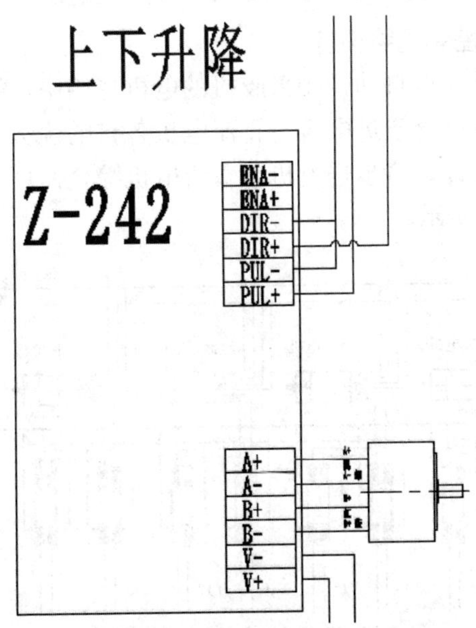

图 5-54　上下升降的运动控制电路

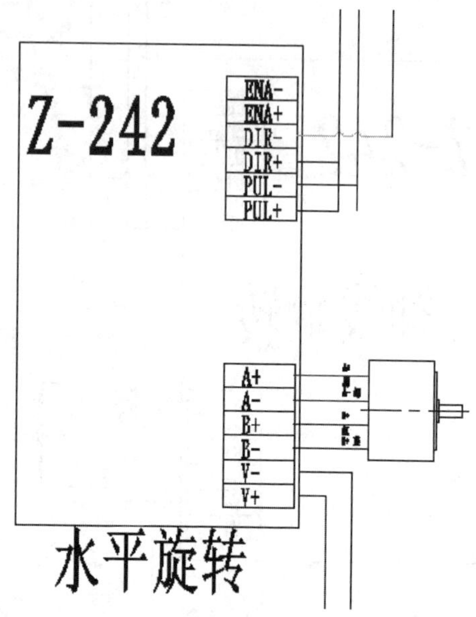

图 5-55 水平旋转的运动控制电路

（八）电机控制回路设计

在空轨移动式全自动针刺采胶机的电机选用中，根据采胶机实际的运动特点，并结合步进电机与直流电机各自的优势，对采胶机构的关节部位进行设计，将步进电机与直流电机综合使用。电机控制回路设计如图 5-56 所示。

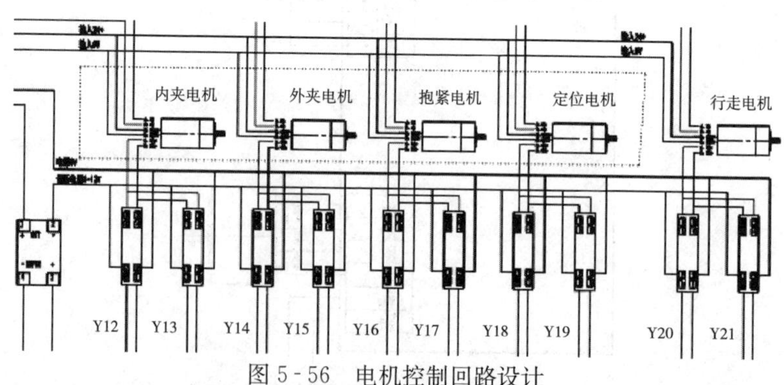

图 5-56 电机控制回路设计

以 PLC 为控制系统、电机为执行元件的运动体系，在工业领域上具有较好的典型性和通用性。因此，这里设计采用 PLC 控制方式，将直流电机与步进电机组合使用，既可实现精确定位控制，又能降低控制成本，且 PLC 具有通过自身输出脉冲直接驱动步进电机的功能，更有利于对电机的精确控制。步进电机在仅给予电压的情况下，是不能够对机械结构进行动作控制的。电机动作实现需要脉冲产生器、步进电机驱动器、步进电机等。脉冲产生器给予角度（位置移动量）、动作速度及运转方向等脉冲信号的步进电机驱动指令；步进电机驱动器根据脉冲产生器所发出的脉冲信号指令，驱动步进电机动作；步进电机提供转矩动力输出以带动负载。

空轨移动式全自动针刺采胶机主体结构材料，主要采用铝合金与 3D 打印专用的材料，因此整体较为轻盈，基本动作依靠步进电机便可以实现。启停时需要确保采胶机的整体结构平稳运行，且运动过程中会受到一定的阻力影响，需要采用电机驱动蜗轮蜗杆的方式来提供相应啮合力，因此对电机的力矩有一定要求。考虑到对机械的启停速度要求不高，并且调速范围不大，在保证控制精度和满足输出力矩要求的前提下，在采胶机运动机构的关节处选用 JGB37-556-12V-425RPM 直流减速电机、JGB37-520GB-12V-531RPM 直流减速电机、J-4218HB3401 步进电机等几款电机，并且结合电机驱动器来进行运动控制。电机和驱动器分别如图 5 - 57 至图 5 - 60 所示。

图 5 - 57　JGB37-556-12V-425RPM 直流减速电机

图 5 - 58　JGB37-520GB-12V-531RPM 直流减速电机

图 5-59　J-4218HB3401 步进电机

图 5-60　DM422 型步进电机驱动器

电机控制回路包括行走电机、定位电机、抱紧电机、外夹电机、内夹电机等（图 5-61 至图 5-65）。

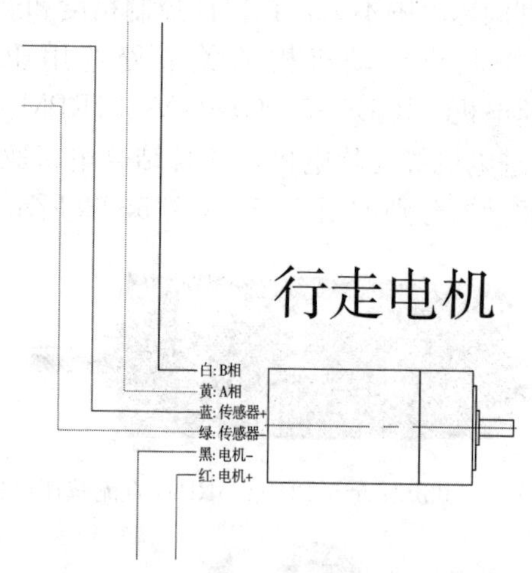

图 5-61　行走电机控制回路

步进电机的驱动，需要将驱动电压通过合适的相序加载到相应转子绕组，一般有两种实现方案：①通过专用的驱动电路配合软件进行电压的分时分配；②通过驱动器内置硬件电路分时分配控制。

为简化主控芯片软件设计复杂度，减轻 CPU 资源占用，最终选

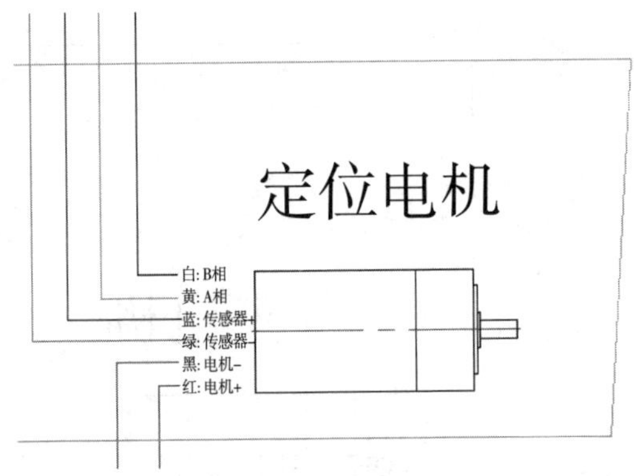

图 5-62 定位电机控制回路

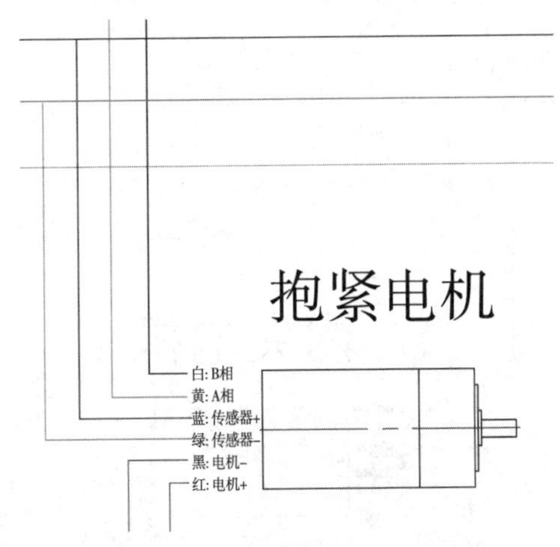

图 5-63 抱紧电机控制回路

择采用驱动器硬件电路分时控制方案。所选驱动器为 DM422 型步进电机驱动器。其最大可以达到 32 细分，也就是步进电机旋转 1 周为 6 400 个脉冲。同时提供了电流衰减功能，可在休眠状态下减小电流以减轻电机发热损耗。经驱动器细分后，步进电机的单脉冲对应步距角可以减小到 0.056°，丝杆驱动滑块的运动精度可达到 0.001mm，能够满足采胶机运动控制系统的要求。

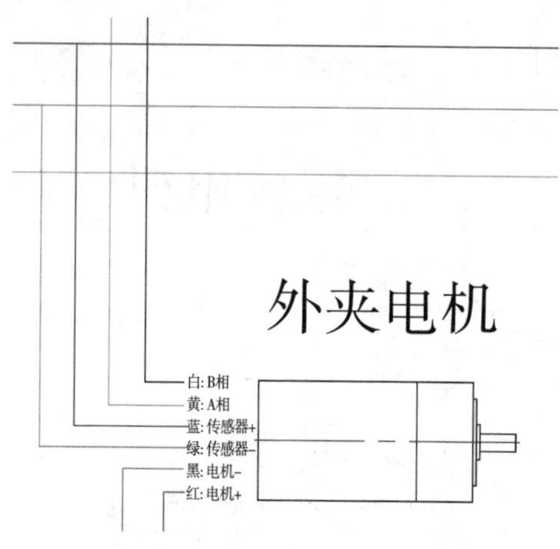

图 5-64　外夹电机控制回路

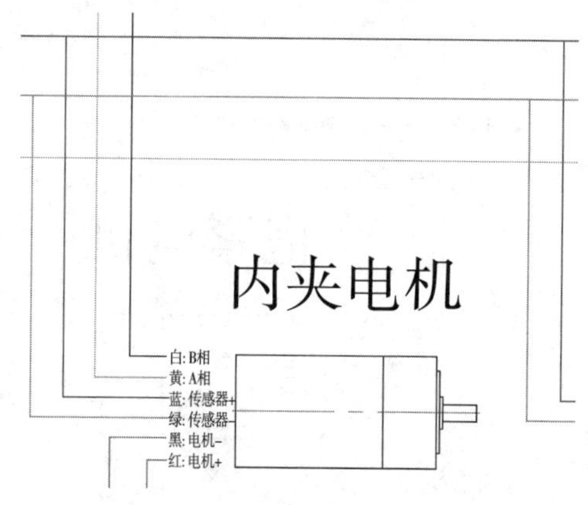

图 5-65　内夹电机控制回路

（九）传感器的设计与选用

传感器是一种检测装置，能接收目标物体反馈的信息，并且将其识别与加工，按一定规律变换成电信号或其他所需形式的信息输出，以满足信息的传输、处理、存储、显示、记录和控制等要求。为了能够准确控制装备系统平台的运行精度，确保可以实现预定的工作轨迹设定要求，在主要的运动节点和机械结构部分添加相应的传感器进行检测。采胶机在运动过程中会受到压力、距离、位置等方面因素的干涉，因此传感器的选用类型上包括了压力传感器、无触点接近开关与超声波测距传感器等。

1. 压力传感器　压力传感器又称电阻器应变力控制器，是一种将物理学数据信号变换为可精确测量的电子信号输出的设备。压力传感器结构中含有力敏器件和两个拉力传递部分。两个拉力传递部分的两端分别固定在一起，用两端之间的横向作用面将力敏器件夹紧，压电片垫片位于压电片一侧，压在压电片的中心区域，基板部分位于压电片另一侧与边缘传力部分之间并紧贴压电片。压力传感器的工作原理是吸附在基体材料上的应变电阻随机械形变而产生阻值变化，即电阻应变效应。

刺针在进入树皮内部时会受到压力，采胶机应能根据不同深度的压力值来设定刺针停留的位置，而压力传感器能够根据这些数值的变化，将信号反馈到控制系统，根据编写好的程序对针刺机构进行控制，实现针刺机构自动前进与自动退回的效果。压力传感器模型图、压力传感器的尺寸设计、压力传感器的受力示意分别如图 5-66 至图 5-68 所示。

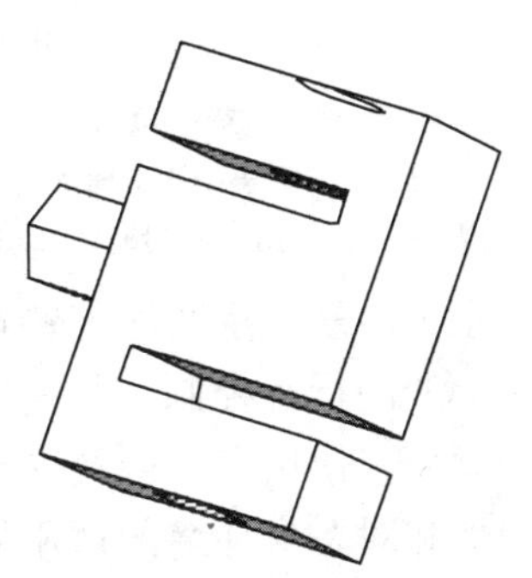

图 5-66　压力传感器模型图

2. 无触点接近开关　橡胶园的地理环境较为复杂，且橡胶树的生长具有差异性，这就决定了采胶机在橡胶园作业中的不确定性。为了能够准确控制每个运动点的位移位置，可通过无触点接近开关对机械结构的运动进行限制，从而实现设计时的预期效果。同时，这也能够合理规范机械结构的运动轨迹，保证采胶过程中的正常作业。

无触点接近开关，是一种无须与运动部件进行机械直接接触就可以操作的位置开关。当检测物体接近开关的感应区域时，开关就能无接触、无压力、无火花地迅速发出电气指令，从而驱动直流电器或给计算机（PLC）装置提供控制指令，准确反映运动机构的位置和行程。无触点接近开关具有行程开关、微动开关的特性，同时动作可靠、性能稳定、频率响应快、应用寿命长、抗干扰能力强等，并具有

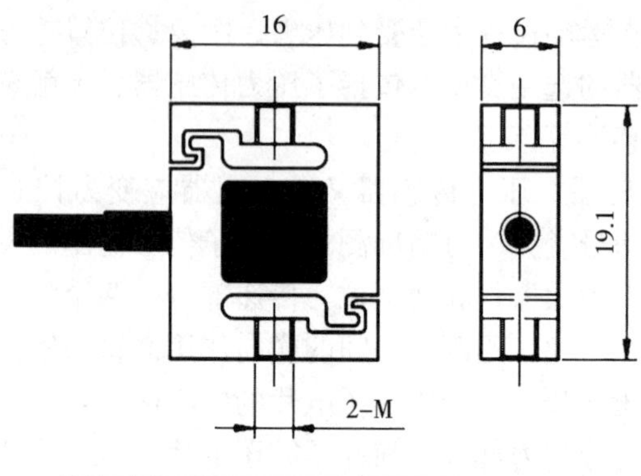

量程	M
0~10kg	M3
20~50kg	M4

图 5-67　压力传感器的尺寸设计（单位：mm）

注：2-M表示2个螺纹孔，2个螺纹孔的承载力分别对应M3和M4，M3可承担0～10kg，M4可承担20～50kg。

防水、防震、耐腐蚀等特点。即便用于一般的行程控制，其定位精度、操作频率、使用寿命以及安装调整的方便性和对恶劣环境的适用能力，也是一般机械式行程开关所不能比的。当有物体移向开关，并接近到一定距离时，位移传感器才有“感知”，开关才会动作。通常把这个距离称为“检出距离”。无触点接近开关的实物图和线路接线图分别如图5-69、图5-70所示。

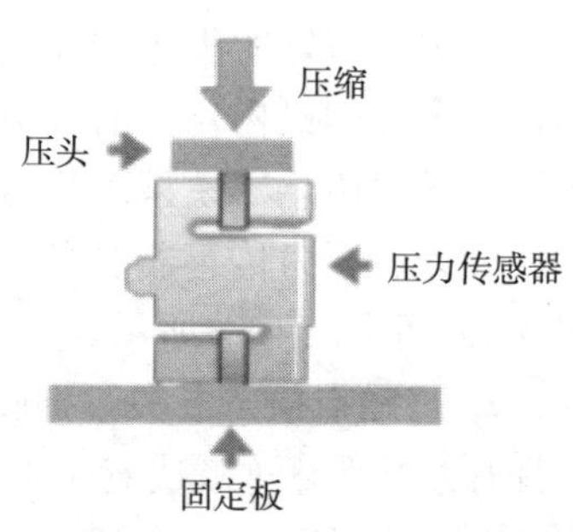

图 5-68　压力传感器的受力示意

3. 超声波测距传感器　超声波测距传感器的工作原理是超声波发射器向某一方向发射超声波，在发射的同时开始计时，超声波在空气中传播，途中碰到障碍物就立即返回来，超声波接收器收到反射波后立即停止计时。超声波在空气中的传播速度为340m/s（标准大气压、15℃），根据计时器记录的时间，就可以计算出发射点到障碍物的距离，即时间差测距法。常用的超声波测距传感器由压电晶片组

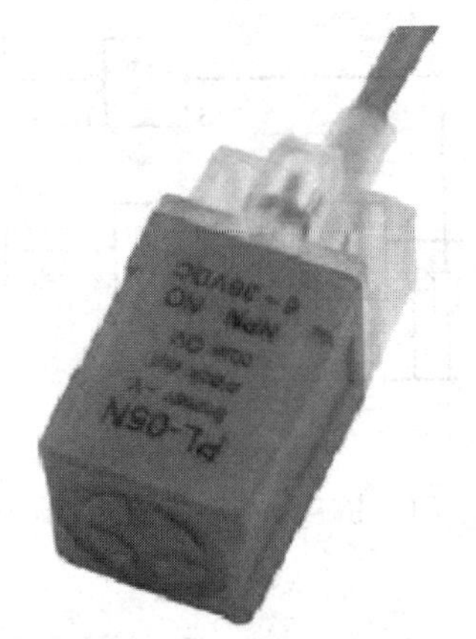

图 5-69 无触点接近开关实物图

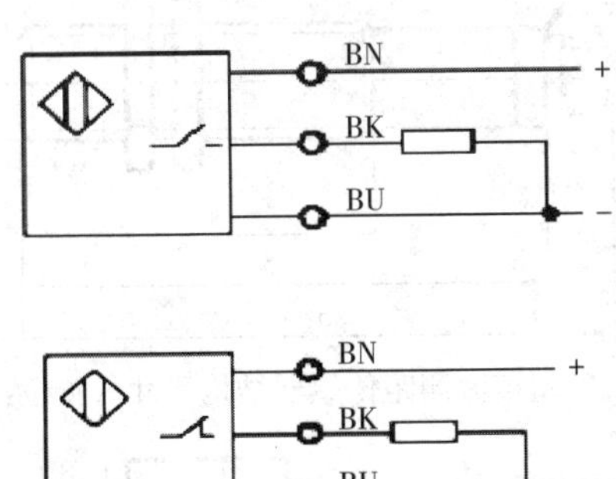

图 5-70 无触点接近开关线路接线图

成，既可以发射超声波，也可以接收超声波。小功率超声探头多用于探测。超声探头的核心是其塑料外套或金属外套中的一块压电晶片。构成晶片的材料可以有许多种，晶片的尺寸大小（如直径和厚度）也各不相同，因此每个探头的性能是不同的。超声波测距传感器的控制线路、结构尺寸、接线端口分别如图 5-71 至图 5-73 所示。

空轨移动式全自动针刺采胶机在滑绳上的运动具有一定速度，当移动速度过快时采胶机就不容易与固定架卡位，甚至会出现与橡胶树发生碰撞的情况，会对机械的内部结构造成影响，不利于采胶机的正常使用。因此在采胶机上安装超声波测距传感器，当采胶机靠近其他物体时会反馈消息，控制系统接收到会及时让运动部件停止行进，从而保障采胶机的运行作业安全。

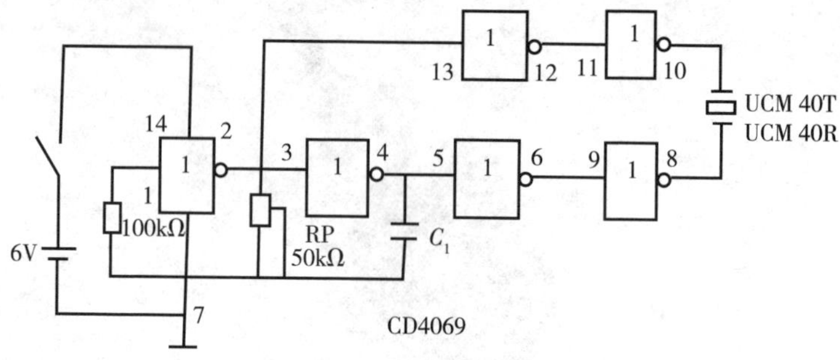

图 5-71　超声波测距传感器控制线路

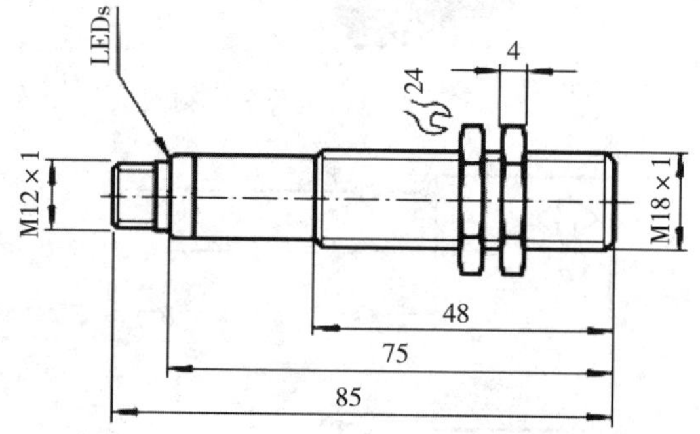

图 5-72　超声波测距传感器结构尺寸（单位：mm）

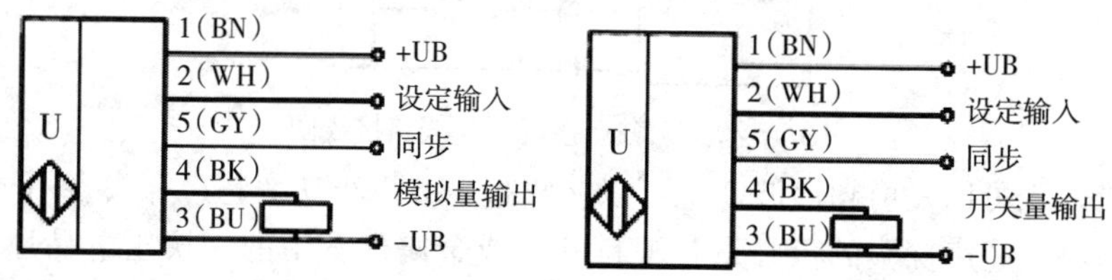

图 5-73　超声波测距传感器接线端口

（十）采胶机的控制系统（PLC）I/O 端口分配

PLC 接口分为输入和输出两种形式，PLC 输入输出端子数可较机床被控制对象输入输出端子数多出 10%～15%。由电气原理图可知，空轨移动式全自动针刺采胶机的输入开关量与输出开关量要相互对应。因此，这里设计的空轨移动式全自动针刺采胶机的 PLC 控制系统主机采用的是海为 H32S2R 型号，这种 PLC 共有 4 路 200K 输入/输出，控制系统 I/O 端子的分配如表 5-3 所示。

表 5-3　空轨移动式全自动针刺采胶机控制系统 I/O 端子的分配

输入端子	说明	输出端子	说明
X0	内夹 编码 A	Y0	水平脉冲
X1	内夹 编码 B	Y1	水平方向
X2	外夹 编码 A	Y2	上下脉冲
X3	外夹 编码 B	Y3	上下方向
X4	抱紧 编码 A	Y4	垂直脉冲
X5	抱紧 编码 B	Y5	垂直方向
X6	定位 编码 A	Y6	圆周脉冲
X7	定位 编码 B	Y7	圆周方向
X8	行走 编码 A	Y8	刺入脉冲
X9	行走 编码 B	Y9	刺入方向
X10	水平 1	Y10	调压
X11	水平 2	Y11	备用
X12	垂直 1	Y12	内夹电机＋
X13	垂直 2	Y13	内夹电机－
X14	内夹 后位	Y14	外夹电机＋
X15	外夹 后位	Y15	外夹电机－
X16	定位 原点	Y16	抱紧电机＋
X17	刺孔 原点	Y17	抱紧电机－
X18	导轨 原点	Y18	定位电机＋
X19	软轨 原点	Y19	定位电机－
X24	左感应	Y20	行走电机＋
X25	右感应	Y21	行走电机－
X26	中间感应	Y22	备用
X27	圆周原点	Y23	备用
		Y24	备用
		Y25	备用

（十一）采胶机的控制系统执行指令代码

空轨移动式全自动针刺采胶机的每一项运动过程，均有相应的程序代码作为支撑，如表 5-4 和表 5-5 所示。

表 5-4　空轨移动式全自动针刺采胶机的执行代码名称

代码	名称	代码	名称	代码	名称
S0	自动行走	S30	圆周	S44	水平旋转
S1	行走过程	S31	刺孔	S50	方向调换
S20	定位	S32	刺孔退	S51	垂直旋转
S21	下降	S40	抱树松	S52	水平调整
S22	内抱	S41	内外松	S53	抱轨调水平
S23	外抱	S42	水平旋转	S100	等待
S24	抱树	S43	离开树	S1601	向左移动

表 5-5 空轨移动式全自动针刺采胶机控制系统的内部继电器编码号

编码号	名称	编码号	名称
M0	手动	M118	定位电机+
M1	自动状态	M119	定位电机−
M2	手-定位上	M120	行走电机+
M3	手-定位下	M121	行走电机−
M4	手-行走左	M200	自动水平脉冲
M5	手-行走右	M201	自动水平方向
M6	手-水平左	M202	自动上下脉冲
M7	手-水平右	M203	自动上下方向
M8	手-上升	M204	自动垂直脉冲
M9	手-下降	M205	自动垂直方向
M10	手-垂直顺	M206	自动圆周脉冲
M11	手-垂直逆	M207	自动圆周方向
M12	手-内抱	M208	自动刺入脉冲
M13	手-内松	M209	自动刺入方向
M14	手-外抱	M210	自动调压
M15	手-外松	M211	备用
M16	手-抱紧	M212	自动内夹电机+
M17	手-抱松	M213	自动内夹电机−
M18	手-圆周+	M214	自动外夹电机+
M19	手-圆周−	M215	自动外夹电机−
M20	手-刺入	M216	自动抱紧电机+
M21	手-刺回	M217	自动抱紧电机−
M100	水平脉冲	M218	自动定位电机+
M101	水平方向	M219	自动定位电机−
M102	上下脉冲	M220	自动行走电机+
M103	上下方向	M221	自动行走电机−
M104	垂直脉冲	M304	内夹到位
M105	垂直方向	M305	内夹限位
M106	圆周脉冲	M306	抱紧限位
M107	圆周方向	M307	定位下位
M108	刺入脉冲	M308	定位中位
M109	刺入方向	M309	定位到位
M110	调压	M310	到位超位
M111	备用	M410	上下执行中
M112	内夹电机+	M430	圆周执行中
M113	内夹电机−	M440	刺孔执行中
M114	外夹电机+	M441	刺孔退位中
M115	外夹电机−	M1600	在定位位置
M116	抱紧电机+	M1601	向左移动
M117	抱紧电机−		

（十二）采胶机的无线通信模块选用

空轨移动式全自动针刺采胶机的无线通信模块，选用海为的物联云盒 Cloud Box（型号 CBOX-G）。该物联云盒具有集成 HMI 的功能，可通过手机端/PC 端代替 HMI 屏幕直接监控显示画面，操控既灵活又便利。并且支持 MQTT 协议，支持接入数据库服务器，轻松实现数据采集上报，还能够对接 ERP/MES 等系统。支持多种第三方协议，支持云透传和边缘计算。物联云盒在采胶机上的安装位置如图 5－74 圆圈内所示，图 5－75 为采胶机物联云盒实物图。

图 5－74　无线通信模块安装位置

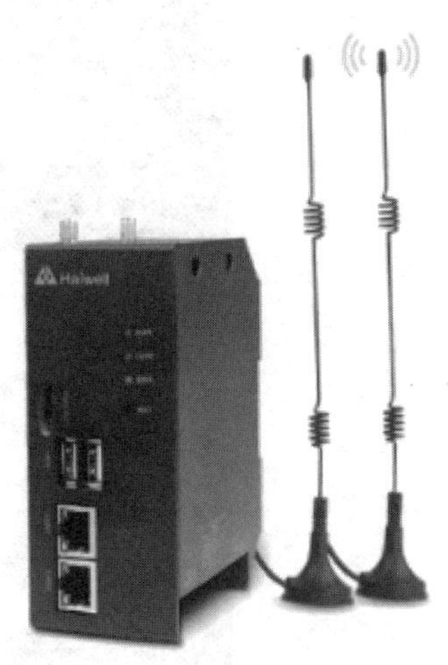

图 5－75　采胶机物联云盒实物图

（十三）控制面板的设计与选用

在采胶机作业的过程中，控制系统的数据、状态等信息应设计为可视化的形式，以便设备操作人员监测设备的实时状态。良好的人机交互可大大提升生产效率，减少失误的发生，这里将对空轨移动式全自动针刺采胶机的控制系统触摸屏进行设计。由控制系统功能分析可知，用户打开总电源开关、按动触摸屏开关后，触摸屏、PLC 控制系统通电。空轨移动式全自动针刺采胶机的控制面板样式如图 5－76 所示。

（十四）软件操作系统界面设计

通过改变显示界面中的占空比与频率数值，可对采胶机各运动构件的运动速度做出调节。为了便于归纳每个控制动作的系列模块以及控制界面的美观，对操作画面进行多次修改，如图 5-77 所示。相比图 5-77（a）中的控制面板，图 5-77（b）中的控制面板显得较为规整，符合人机一体的美学感。

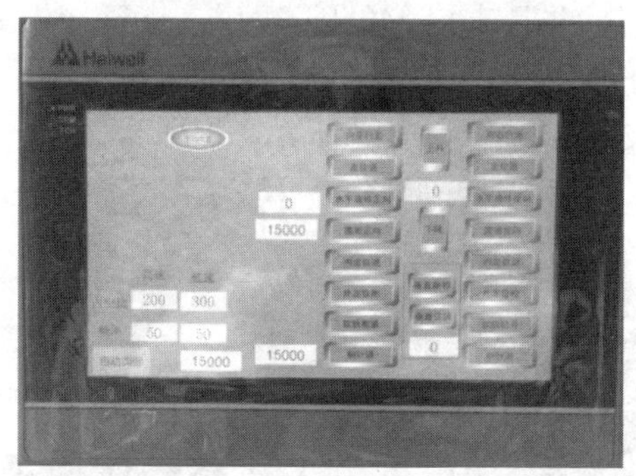

图 5-76　空轨移动式全自动针刺采胶机的控制面板样式

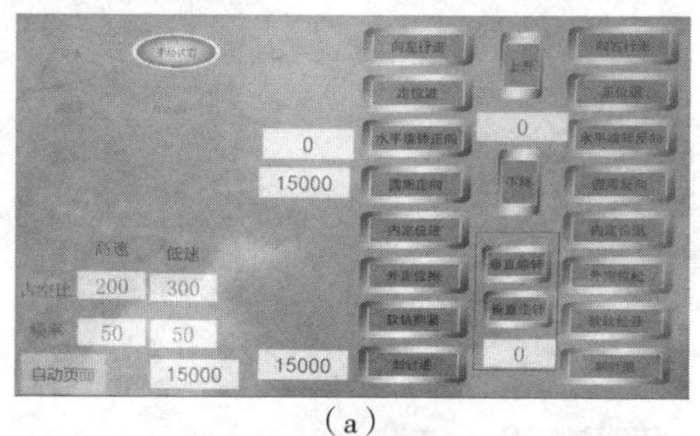

（a）

（b）

图 5-77　空轨移动式全自动针刺采胶机的控制界面

（a）修改一　（b）修改二

四、采胶机的田间试验

（一）采胶机的滑绳搭建与安装位置选择

理论上，选择橡胶园进行样机安装与调试即可。本样机工作需要稳定电源、已开割的橡胶树、地形较平坦的橡胶园等条件，因此，选择在海南省儋州市中国热带农业科学院试验场的橡胶树种植基地，开展采胶机的试验工作。儋州市地处热带地区，属于热带季风气候，冬季是旱季，降水较少，一般较为干燥，适合橡胶树的生长，因此符合空轨移动式全自动针刺采胶机本次的田间试验条件，如图 5-78 所示。

图 5-78　橡胶园的试验环境

为了提高采胶机试验的可行性，在橡胶园中随机选取要试验的橡胶树。采胶机的行走轨道是在半空中悬挂钢丝绳索，不需要在地面上铺设硬轨，因此，将地形的影响控制到最低且节约了成本，如图 5-79、图 5-80 所示。

图 5-79　空轨移动式全自动针刺采胶机的安装效果

图 5-80 空轨移动式全自动针刺采胶机的安装

（二）样机的性能测试与结果分析

1. 样机的调试与运行 样机的调试内容主要包括 3 个方面：一是根据采胶机的作业运动过程，在控制系统上具体调节采胶机的启停位置；二是根据分析计算出的理论速度，在合理的范围内适当调整电机转速，从而高效地进行田间试验；三是以试验结果为参照，对采胶机的行进速度以及刺针的钻孔深度做出调整，以便为后期的农艺优化提供基础。空轨移动式全自动针刺采胶机的调试过程及采胶作业测试过程分别如图 5-81、图 5-82 所示。

2. 样机的采胶速度 空轨移动式全自动针刺采胶机的实际工作速度与理论计算值不相符，分析认为可能是以下原因：在调试过程中会存在人为因素的干扰；采胶机在运动过程中会受到橡胶园环境的影响；信号的传输会受到树叶、树木等的阻碍，造成系统反应延迟。为了提高采胶机的工作效率，可对电机转速进行适当调整，增加整体的

图 5-81　空轨移动式全自动针刺采胶机的调试过程

图 5-82　空轨移动式全自动针刺采胶机采胶作业的测试过程

运动速度。

关于实际测量速度与理论值速度不相符，有如下具体分析。

（1）橡胶园气流的扰动。由于试验地点选择的是野外，会存在一定的风阻，影响采胶机的实际行走速度。

（2）零件间摩擦系数的影响。实际摩擦系数要比理论摩擦系数高很多，主要可能是有杂质、局部生锈、表面不光滑、润滑油涂抹不均匀等原因。

（3）采胶机的惯性力影响。由于采胶机具有一定的质量，在运动时会产生惯性力，造成电机的输出力矩小于理论力矩。

（4）树木的生长情况复杂。由于是在田间进行试验，地面起伏，加上橡胶树的生长不具有一致性，故没有绝对平衡，采胶机工作时容易受到重力的影响。

（5）实际的制造质量大于设计的理论质量。由于制造及装配过程中的一些工艺差别，采胶机实际质量比理论质量要大。

（6）运动过程中出现晃动。采胶机使用绳索的方式进行运动，在行走时会出现一定的晃动。为了保证采胶机的运行平稳，应该对速度进行合理控制。

3. 针刺分析 如图 5-83 所示，刺针在刺入树皮的过程中，先经过树干外围的粗皮与砂皮，因此前期受到的阻力会不断增加，到达黄皮时阻力值保持稳定；到达水囊皮后，由于该处的树皮组织较为柔软

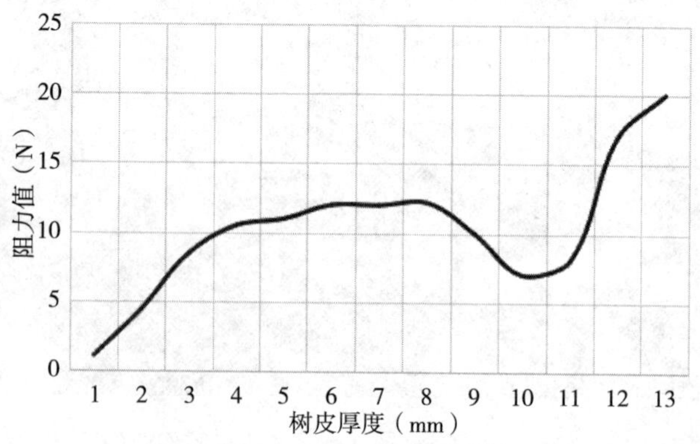

图 5-83 针刺橡胶树树皮的力学曲线变化

细嫩，阻力值开始下降；到达形成层后由于其硬度较大，阻力值又再次增加，并且相较于刺入初期，上升速度会更快。

4. 样机的伤树情况分析　通过比较，发现试验的橡胶树与非试验的橡胶树的生长情况并无差异，依旧能够保持正常的生长特征，并且在胶乳产量方面没有太大区别。根据以上的描述，可初步判断，该采胶机对橡胶树的伤树率近乎为 0。但从试验样本的角度来考虑，取的试验橡胶树数量较少，且试验的橡胶园只取一片，并没有采取多点取样的方式来进行，再加上试验的周期较短，该试验的结果说服力不足，后期仍旧要通过较多组的试验来进行比较与观察。针刺过后的橡胶树表皮流胶情况如图 5 - 84 所示。

图 5 - 84　针刺过后的橡胶树表皮流胶情况

（三）试验结果

整机（图 5 - 85）质量约 25kg，对采胶的深度、速度、时间进行实时显示，机械臂行程为 60cm，可通过手机 App 远程控制或自主采胶，单株采胶及移动时间约为 40s。采用钢丝软轨移动取得成功，有效规避了地形、树位等复杂橡胶园工况环境对采胶机器人的影响，大幅度降

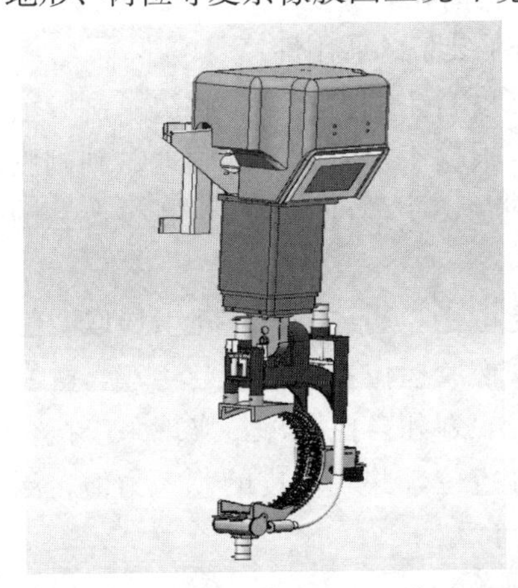

图 5 - 85　基于钢丝软轨移动的全自动针刺采胶机

低了移动轨道成本。

五、装备研发价值

（一）解决的关键技术难题

(1) 全自动采胶机对复杂树干工况的广适性。橡胶树树干不规则、树皮厚度不均匀，是全自动采胶机研发与应用的关键技术难题之一。这里将针刺采胶技术与全自动割胶机进行融合，通过割面、钻孔取胶位置、孔数的规划，采用“柔性齿轨＋步进电机＋自动控制”技术，规避割胶装备需要对树干精准仿形的难题，实现采胶模块在水平方向与竖直方向上的协同运动、自动采胶作业与复位，有效提升全自动采胶装备的广适性和通用性。

(2) 水囊皮位置精准探测。可根据树皮的生理结构及组织的软硬度不同，可采用智能压力传感器及 PLC 自动控制程序设定采胶深度阈值。步进电机推动刺针刺入树皮后，智能压力传感器和 PLC 自动控制程序根据反作用力的大小判定刺针到达树皮的深度位置，实现水囊皮位置自主精准探测、采胶深度自主精准调控。

（二）技术创新性

(1) 采用空架钢丝软轨移动模式，解决了橡胶园复杂地形影响装备作业的问题，且装备高度集成并轻简化，实现了“一机多树”采胶，大幅降低了装备和轨道成本，提升了装备的通用性。

(2) 水囊皮自主探测、采胶深度自主调控技术，解决了割胶前树皮厚度、水囊皮位置不可见，难以根据工况及时、准确地做到割胶深度毫米级控制而导致伤树的关键问题，使全自动采胶机在生产上的应用向前迈进了一大步。

(3) 采胶位置精准定位与智能记忆。通过钢丝软轨引导以及红外线传感器与固定架之间的感应实现橡胶树位置的确定与停车，触发定位舌弹出与固定架卡紧。通过采胶规划和自控程序，实现采胶执行器抱紧树干以及采胶点的选择与精准定位，并对树皮的刺入力值、深度位置等参数进行实时记录与绘图显示。

（三）第三方检测与专家技术评价

2021 年 6 月 11 日，经广东省质量监督机械检验站检测，该装备性能参数如下：主机质量为 27.5kg，采胶效率为 16s/株，耗皮量为 1.4mm；具备采胶位置、采胶深度记录显示，输入输出信号控制，电机故障保护功能。

2021 年 6 月 20 日，中国热带农业科学院组织专家，对该装备进行了现场评价，综合评分为 94.33 分（满分为 100 分）。专家意见如下。

（1）针对橡胶树树干采胶作业的复杂工况，将针刺采胶技术与全自动割胶机进行融合，解决了树干不规则、树皮厚度不均一对全自动采胶装备的影响。采用钢丝软轨移动，有效规避了地形、树位等橡胶园复杂工况环境对采胶机器人的影响，大幅降低了移动轨道成本。全自动采胶方式和移动轨道模式具有很好的创新性。

（2）采用智能传感器与自动控制技术，突破了树皮厚度探测、采胶深度自主调控、耗皮量精准控制、采胶位置精准定位、装备在钢丝软轨上的行走与停车、采胶模块刺针的自动作业与复位等关键技术，实现了采胶模块在水平方向与竖直方向上的协同运动。

（3）研制了基于钢丝软轨的移动式全自动针刺采胶机样机 1 种，装备结构紧凑、质量轻。具备采胶位置智能调节、识别与记忆，采胶深度记录与显示，故障报警等功能。整机质量为 27.5kg，采胶效率为 16s/株，耗皮量为 1.4mm。

综上，该技术装备在结构设计及智能化针刺采胶方式上具有突破性的创新，在国内属于首创，现场采胶效果良好。

第二节　空轨移动式全自动针刺采胶机试验试用

一、装备概述

该装备采用“行走装置＋采胶装置”的结构模式进行设计。通过机械臂携带采胶装置＋自动控制实现采胶作业，采胶方式为针刺采胶，可大幅简化采胶执行器结构、简化控制程序。由于需要搭载移动平台、电源，以及要在空中轨道上实现行走、定位、停车等功能，其体积、质量相对地面移动式全自动采胶装备大，要求更轻简化。

二、工作原理

空轨移动式针刺采胶装备，与地轨移动式针刺采胶装备相比，优势在于轨道离地铺设，避免了橡胶园复杂地形对装备移动的影响，提升了对环境的适应性。采胶装置由搭载各类传感探测装置的机械臂及采胶切割终端组成，内置行走动力及导向轮组并由步进电机驱动，在“悬空”钢丝绳上移动至橡胶树树干附近，随后机械臂通过其上搭载的传感设备，在 PLC 电路控制系统的控制下，通过距离探测、视觉识别等传感技术将采胶终端移动到预设的采胶树树干面目标位进行针刺采胶作业，实现了“一机多树”的采胶作业模式。

三、试验试用

该装备由中国热带农业科学院橡胶研究所研制，如图 5 - 86 所示。为有效适应橡胶园采胶作业环境，在之前设计的地轨移动式全自动采胶装备的基础上，融合了信息感知、智能控制、自动化控制等多项技术，实现了采胶的精准定位，采胶深度的精准探测与控制，以及装备的小型化集成。

图 5 - 86　空轨移动式针刺采胶机器人

装备由导轨装置、针刺采胶作业机构、PLC 控制模块、电源供应模块、行进机构五大部分组成。导轨装置主要由钢丝绳及其定位架组成；行进机构由驱动电机提供动力，在钢丝导轨装置上带动针刺采胶作业机构进行直线移动；PLC 控制模块依靠各类传感器反馈的信息，控制针刺采胶作业机构工作，针刺采胶作业机构移动至固定安装在树干上的定位架时会悬停，待抱紧装置锁紧树干后进行针刺采胶作业：最终实现全自动针刺采胶功能。

2021年，该装备在海南省儋州市中国热带农业科学院试验场橡胶园生产基地进行了测试，选取10株树龄10年、树径在70～80cm的橡胶树进行试验。共设置2组试验：第一组试验采用全自动采胶机进行采胶作业；第二组试验由胶工采用传统人力割胶刀进行割胶作业。每组试验重复4次，分别测量2组试验的采胶耗时、排胶量、针刺深度信息。试验结果显示：采胶耗时方面，全自动采胶机的针刺作业每株平均耗时10s，低于传统人力割胶刀割胶作业耗时，由于橡胶园中每株树形态不一，抱紧装置需要耗费一定的时间进行抱紧动作，因此采胶耗时随工况条件不同而变化较大；排胶量方面，由于只设置一个刺针且孔径不大，出胶量有限，需要配合一定浓度的刺激剂或增加刺针数量以提高排胶量；针刺深度方面，针刺深度探测传感器从收集信息到反馈信息需要一定时间，导致针刺动作执行具有延迟性，针刺深度控制不稳定。

四、采胶效果评估

与固定式全自动割胶机的“一树一机”模式相比，移动式全自动采胶机的“一机多树”模式无需在每株树上都配置一台采胶装备，在生产中具有节约成本的巨大优势，但橡胶园一般地形复杂，且地面杂草、树枝及石块多，移动底盘无法为机械臂提供标准的切割基准参考平台，所以对机械臂采胶精度及智能识别探测能力提出了更高的要求。利用光电传感、超声波探测、视觉识别等智能识别探测技术，实现移动式全自动采胶机的橡胶树位置辨别、割线轨迹规划、采胶深度控制等采胶功能，正逐渐成为研发热点，但限于恶劣的采胶作业条件，此类技术在大田试验中尚达不到理想效果。以目前较为流行的视觉识别技术为例，首先是采胶作业时间特殊，凌晨采胶导致识别所需的光线环境较差，需要进行充分的补光操作；其次是复杂的橡胶园野外环境存在大量的识别干扰因素，可能大幅降低识别精准度，对视觉识别的抗干扰能力提出了较高的要求。随着科技的发展及进步，智能识别探测技术将趋于成熟，为移动式全自动采胶机提供更加精准可靠的采胶识别功能，为实现装备的生产应用提供保障。

此外，与固定式全自动割胶机相比，移动式全自动采胶机需要面对更加复杂的作业工况，对装备的适应性提出了更高要求。由于需要轨道搭载采胶装备运行，能耗较大，因此对装备总质量控制要求严格。不过，其优点亦较明显，可大幅减少装备的数量、运行成本和维护成本。

本章小结

本装备突破了水囊皮位置精准探测、采胶深度自主调控、采胶位置精准定位与智能记忆等关键技术，实现了针刺采胶与全自动割胶机的融合，解决了树干不规则、树皮厚度不均一对全自动采胶装备的影响，提升了装备在田间作业的广适性和通用性。采用空架轨道移动模式，解决了橡胶园复杂地形对装备作业的影响。装备高度集成，实现了装备的轻简化和“一机多树”采胶，有效降低了装备成本，是对全自动采胶方式的有益探索，极具科研价值和应用潜力，值得进一步熟化研究。

第六章　采胶装备未来发展趋势

第一节　采胶装备研发与推广的政策支持

一、国家对天然橡胶产业的政策支持

《国务院办公厅关于促进我国热带作物产业发展的意见》（国办发〔2010〕45号）提出，要大力推进天然橡胶等热带作物的科技创新和关键技术集成推广应用，促进我国热带作物产业的持续健康发展。

2015年中共中央、国务院印发的《关于加大改革创新力度加快农业现代化建设的若干意见》提到，要科学确定主要农产品自给水平，合理安排农业产业发展优先顺序，启动实施天然橡胶生产能力建设规划。

2016年，中国共产党中央国家安全委员会将天然橡胶列入资源安全目录，出台了系列政策和规划，对天然橡胶生产提出明确要求和任务措施。

2017年中央1号文件《中共中央 国务院关于深入推进农业供给侧结构性改革加快培育农业农村发展新动能的若干意见》明确要以主体功能区规划和优势农产品布局规划为依托，科学合理划定天然橡胶等重要农产品生产保护区。

《全国农业现代化规划（2016—2020年）》（2016年）提出，要巩固海南、广东天然橡胶生产能力。

《中共中央 国务院关于支持海南全面深化改革开放的指导意见》（2018年4月11日）提出要“实施乡村振兴战略，做强做优热带特色高效农业，打造国家热带现代农业基地，……打造国家热带农业科学中心”。

农业部（现农业农村部）《“十三五”农业科技发展规划》（农科教发〔2017〕4号）提出要针对保障天然橡胶等战略物资和特色热带农产品有效供给的需求，……以增产提质增效为目标，重点突破……增产提质增效理论与技术、生产装备与贮运加工技术，为我国热区农业发展和农业“走出去”提供有力的科技支撑。

农业部《实施农业竞争力提升科技行动工作方案》（农科教发〔2016〕6号）中将热带作物（天然橡胶等）列为17个（类）行动对象之一，并部署了热带作物竞争力提升科技行动的重点任务。

二、国家高度重视农业机械装备的发展

世界各国的经验表明，农业机械化是现代农业建设的重要科技支撑。当前，我国农业现代化加速发展，农村土地规模经营、农业劳动力大量转移，对农机装备技术要求更高，产品需求巨大。长期以来，我国农机装备技术基础研究不足，整机可靠性和作业效率不高，核心部件和高端产品依赖进口，农业投入品施用粗放，经饲果牧等生产机械严重缺乏，导致农业综合生产成本居高不下；国际知名农机企业凭借技术和资本优势全面进入中国，抢占高端农机市场，我国农业生产和产业安全面临严峻挑战。

为此，政府发布了《国务院关于促进农业机械化和农机工业又好又快发展的意见》（国发〔2010〕22号）、《国务院办公厅关于加快转变农业发展方式的意见》（国办发〔2015〕59号）、《国家中长期科学和技术发展规划纲要（2006—2020年）》、《国家粮食安全中长期规划纲要（2008—2020年）》、《中国制造2025》（国发〔2015〕28号）、《国务院印发关于深化中央财政科技计划（专项、基金等）管理改革方案的通知》（国发〔2014〕64号）、《中共中央 国务院关于做好2022年全面推进乡村振兴重点工作的意见》（2022年中央1号文件）等一系列文件，要求立足智能、高效、环保，按照“关键核心技术自主化，主导装备产品智能化，薄弱环节机械化”的发展思路，进行智能装备、精益制造、精细作业的横向产业链与基础研究、关键攻关、装备研制及示范应用的纵向创新链相结合的一体化科技创新设

计，实施智能农机装备行动，支持和推动我国智能农机的发展，缩小与发达国家之间的差距。

《中共中央 国务院关于全面推进乡村振兴加快农业农村现代化的意见》（2021年）提出要打造国家热带农业科学中心，要提高农机装备自主研制能力，支持高端智能、丘陵山区农机装备研发制造，加大购置补贴力度，开展农机作业补贴。

《农业农村部办公厅关于印发〈2018年推进农业机械化全程全面发展重点技术推广行动方案〉的通知》（农办机〔2018〕9号）提出“特色产业节本增效机械化推广行动”：针对特色粮油作物、热带亚热带作物等生产机械化难点多、实现难度大问题提出调研报告；选择基础条件较好的作物，布局建立试验示范基地，突破小品种作物机械化“瓶颈”，提升特色优势产业竞争力。农业农村部、国家发展改革委联合发布的《“十四五”天然橡胶生产能力建设规划》（农计财发〔2020〕27号）、海南省人民政府办公厅发布的《关于加快推进农业机械化和农机装备产业转型升级的十二条措施》（琼府办〔2021〕45号）等，都明确提出要提升农业（特别是天然橡胶）农机装备研发应用水平。

第二节　采胶装备未来技术需求、发展趋势

一、现有采胶装备性能对比分析

（一）电动采胶机与传统人力采胶工具的性能比较

1. 性能比较　电动采胶机，在动力上，由人力驱动转变为电力驱动，能够大幅降低胶工的劳动强度；在采胶效果上，采胶深度和耗皮厚度实现了较为精准的控制，能够实现“傻瓜式”的操作效果；在采胶速度上，能提升1倍以上；在新胶工培训上，能有效缩短培训时间、节约培训成本。电动采胶机尽管在操作时仍需要人工辅助，但在很大程度上解放了劳动力，降低了采胶技术的难度，为采胶作业实现机械化带来了技术性的变革。

电动采胶机与传统人力采胶工具，在采胶过程中，其成本、采胶技术难度、劳动强度、效率、效果等都有较大的差异，如表6-1所示。

表 6-1　电动采胶机与传统人力采胶工具性能比较分析

项目	传统人力采胶工具			电动采胶机		
	推式割胶刀	拉式割胶刀	采胶针	电动针采机	旋切式电动割胶刀	往复式电动割胶刀
整机质量（g）	150～250	200～500	200～300	500～600	700～900	700～900
动力来源	人力	人力	人力	小型有刷电机	小型有刷电机	小型无刷电机
单株采胶时间（s）	10～16	10～16	4～6	3～4	7～12	6～8
相对比较采胶效率（%）	100	100	150	170	110～120	120～130
每小时采胶株数	120～150	120～150	180～250	220～300	140～160	160～200
刀片修磨频率（株/刀次）	300	300	3 000	5 000	≥2 000	≥3 000
机械振动加速度（m/s^2）	—	—	—	≤2.0	≤2.5	≤3.0
动力电池	—	—	—	铅酸电池	锂电池	锂电池
胶工每天工作量（株）	400～500	400～500	600～1 000	1 000～1 200	500～600	600～800
作业功能	开水线、新开割线；阴阳刀、高低线推割	开水线、新开割线；阴阳刀、高低线拉割	扎孔取胶	扎孔或钻孔取胶	阴阳刀、高低线推割或拉割	开水线、新开割线；阴阳刀、高低线推割
耗皮厚度和采胶深度控制	胶工凭经验、手感、力度、眼睛观察掌控	胶工凭经验、手感、力度、眼睛观察掌控	针孔大小一致，深度可调、可控	针孔大小一致，深度可调、可控	特殊的限位导向装置控制	特殊的限位导向装置控制
采胶后树皮状况	切割的树皮呈片状	切割的树皮呈片状	—	钻孔切割的树皮呈细长条状	切割的树皮呈小碎片或粉末状	切割的树皮呈长条片状

（续）

项目	传统人力采胶工具			电动采胶机		
	推式割胶刀	拉式割胶刀	采胶针	电动针采机	旋切式电动割胶刀	往复式电动割胶刀
切割下的树皮对胶乳的影响	对胶乳无污染	对胶乳无污染	—	对胶乳无污染	对胶乳有污染	对胶乳无污染
起收刀	整齐，够深	整齐，够深	够深	够深	圆弧状，深度不够	整齐，够深
割面	胶工技术好，平顺整齐	胶工技术好，平顺整齐	—	—	胶工技术好，平顺整齐	胶工技术好，平顺整齐
老胶线	可根据需要撕或不撕	可根据需要撕或不撕	—	—	割胶前需要手撕	可根据需要撕或不撕
树皮年均消耗量（cm）（3d 一刀）	11～15	11～15	150～200	150～200	11～13	11～13
采胶相对技术难度（%）	100	100	10～20	10～20	40～50	30～40
采胶相对劳动强度（%）	100	100	50～60	20～30	40～50	40～50
新胶工培训时间（d）（培训成本，元）	26～30（2 000～2 400）	26～30（2 000～2 400）	0.6～1.0（50～100）	0.6～1.0（50～100）	3～5（240～400）	3～5（240～400）
采胶有效深度（%）（一级胶工）	>98	>98	60～70	60～70	>95	>95
相对产量比（%）	100	100	50～60	50～60	80～90	90～100
伤树率（%）（一级胶工）	<1	<1	30～40	30～40	<1	<1
购置成本［元/台（把）］	30～120	30～120	40～50	300～500	700～1 000	800～1 200

根据表 6-1，对比分析如下。

（1）从采胶工具质量来看，都比较小巧轻便。电动工具由于有电池，质量相对大些，但采胶时，电池通常挂在胶工的腰部，因此手持电动采胶工具与传统人力采胶工具相比，手持质量相差不大。

（2）从工具性能来看，电动采胶机的采胶深度和耗皮厚度是通过机械控制，对胶工技术要求较低、劳动强度较小、效率更高，新胶工培训时间短、节本增效明显。相同劳动强度或相同采胶时间下，所采橡胶树更多。特别是针采工具，由于只是打孔取胶，技术要求更低、劳动强度更小，与割皮取胶相比更占优势，其效率提升更明显。

（3）从采胶效果来看，在作业功能、树皮消耗量、采胶深度、胶乳清洁度、产量、割面平滑度等方面，往复式电动割胶刀基本与人工割胶一样，而旋切式电动割胶刀在起收刀深度、胶乳清洁度、老胶线缠绕、产量方面仍存在不足。由于橡胶树树皮厚度不一致，针采工具打孔取胶难以精准控制采胶深度，导致深度不够或过深伤树，产量也仅为割胶的 50%～60%，且耗皮量过大，因此在生产上难以大面积推广。

（4）从购机成本来看，电动采胶机需要电机、电池、传动部件，还有加工精度要求，成本比传统割胶刀贵十几倍。但培训成本低，胶工培训节约的成本可购置 1 台以上的机器。根据表 6-1 的单株采胶时间测算，使用过程中，相同时间或相同劳动强度下，一个胶工的采胶面积可增加 20%～40%，同时减少树皮消耗量、伤树率和胶工磨刀时间，增效足以弥补电动割胶刀购置成本，其经济效益远高于人力割胶刀。因此，电动采胶机是未来便携式采胶工具发展的主流趋势。

2. 存在的不足与建议 天然橡胶是多年生作物，收获物是液态胶乳。胶乳具有极强的粘连性，来源于接近形成层的乳管，且树皮厚度各异，树干形状极不规则，故橡胶树收获与传统作物（如水稻、大豆、小麦等一年生作物）的籽粒、全株收获有很大区别，对采收技术有极高要求，因此机械采胶一直是世界性难题。近年来，便携式电动采胶机取得了重大技术突破，并开始在生产上推广应用，但在树干仿形、切割深度和耗皮厚度精准控制、老胶线快速去除、加工制造精度、部件材料耐用性、生产加工制造与维护成本等方面仍需不断优化改进。此外，传统人力割胶刀已使用100余年，电动割胶刀要完全替代传统人力割胶刀，市场培育仍是一个缓慢的过程。

针刺采胶具有较好的研究基础，在理论和实践上是可行的，且针刺采胶速度较传统割刀快，能获得较理想的产量，生产制造较其他采胶机械更为简单、成本更低廉。但仍存在以下问题：针刺深度不易控制，导致伤树而形成“木钉”，影响再生皮及乳管的再生，进而影响后续产胶；针刺伤树后，易引起树皮干涸，从而影响橡胶树生长与再生皮采胶，产量仅为传统割胶的50%～60%；电动采胶针的机械结构设计、针刺方式不合理，导致机械故障、老胶线缠针等问题；刺针弯针现象较多，刺针材料、强度需要提升，能耗高、电池续航时间不长，针刺采胶机制造工艺有待提升；防水性能不足，导致开关经常失灵而无法启动等。

便携式电动割胶刀主要包括旋切式和往复式两大类。近年来研发的电动割胶刀，在切割方式、动力匹配、整机小型化集成、效率、可操作性、对割胶深度和耗皮量的控制等方面，都有了很大的进步，较传统割胶刀有明显的优势，成为产业关注的热点，也迈出了在生产上应用的重要一步。但两类电动割胶刀也存在明显的优劣区别。往复式电动割胶刀，其切割形式、割胶效果、用途等，与传统割胶刀非常接近，且解决了割胶深度、耗皮厚度的机械控制和切割动力等核心问题，老胶线不缠刀，切下的树皮呈片状，起收刀够深、够整齐，对胶乳无污染，因而胶工接受度较高。不足之处是机械结构相对复杂，对整机加工精度、材料耐磨性要求较高。旋切式电动割胶刀，其切割形式与传统割胶刀有明显的区别，解决了割胶深度、耗皮厚度的机械控制和切割动力等核心问题，且传动结构相对简单，加工精度及材料耐磨性要求相对低些。不足之处是老胶线易缠刀，割胶前需人工去除老胶线，切下的树皮多呈碎片或粉末状、对割面和胶乳有污染，起收刀不够整齐、呈圆弧状，造成减产。

当前人力割胶工具落后，割胶成本占生产成本的60%以上，已成为天然橡胶产业发展的痛点。随着天然橡胶产业、社会经济和科技的不断发展，采胶工具的变革是必然趋势。天然橡胶生产要实现现代化，采胶工具必须实现自动化、智能化。

（二）全自动采胶机性能比较

1. 性能比较 固定式全自动采胶机，由于每株树上固定一台（一机一树），只需实现对每株橡胶树树干的仿形与自动采胶功能，采胶效率高、能耗低，且不需考虑整机在橡胶园中的移动、行走，不受橡胶园地形地貌影响，因此在技术难度上相对移动式全自动采胶机的要小。但正是由于每株橡胶树上均需固定一台机器，单位面积机械使用成本与维护成本高。如何使采胶效果达到或接近生产技术标准要求是其需要解决的关键技术问题；如何实现装备结构轻简化、大幅降低装备成本是生产应用中需要解决的问题。移动式全自动采胶机，除了要解决固定式全自动采胶机采胶作业所面临的技术难题外，还需要解决在橡胶园中移动、树位识别等问题，且能耗高。但可以实现一机多树采胶，理论上可以降低装备使用和维护成本。二者各有优缺点，关键是看其技术、性能、可靠性及成本，最终评判标准是产业应用与否（表 6-2）。

2. 存在的不足与建议

（1）马来西亚橡胶局和宁波中创瀚维科技有限公司在固定式全自动采胶机领域研究最早，其装备已在生产上小面积试用。但由于橡胶树树干并非理想圆柱形，同一株树树皮厚度亦不均匀，而该类装备基本都采用树皮表面仿形切割，导致切割深度难以做到均匀一致，会引起伤树或减产问题。此外，全自动采胶机结构都比较复杂，一树一机的使用与维护成本昂贵，单位面积的收益难以支撑装备的成本费用。在高温高湿的热带雨林中，装备的耐用性亦是一个需要考虑的重要因素。基于上述原因，固定式全自动采胶机要在生产上大面积应用，仍是任重而道远。

（2）当前的移动式智能割胶机器人体积大而重（60～100kg），橡胶园地形地貌、树干工况复杂，割胶效果难以达到采胶技术要求，且设备功能也比较单一（仅割胶）。2020 年，曹建华研发团队进行了创新探索研究，将针刺采胶技术与全自动采胶机融合，研制了基于地轨和空架钢丝的移动式针刺采胶机器人，有效规避了复杂树干工况对全自动采胶装备的影响，进一步提升了装备的广适性和通用性。利用

表 6-2　全自动采胶机性能比较分析

项目	固定式全自动采胶机		移动式全自动采胶机		
	割胶机	针刺采胶机	地轨移动式割胶机器人	空轨移动式针刺采胶机器人	履带式割胶机器人
整机质量（kg）	2.0～3.0	2.5	120～140	28	100～120
单株采胶时间（s）	20～40	10～15	60～80	30～40	40～60
耗皮量（mm）	1.2～1.6	1.5～2.0	1.0～1.2	1.5～1.8	1.3～1.8
设备功能	自动割胶和远程控制	采胶位置记录和显示，自动采胶，远程控制	自动行走，ID标识，感知切割轨迹，自动割胶；割胶深度控制，割胶参数实时采集，故障报警	采胶位置、采胶深度记录显示，输入输出信号控制，电机停机故障保护	GPS定位，自动导航灵活行走，二维码识别，由云端系统控制割胶机器人进行自动割胶作业
作业功能	阳刀割胶	扎孔或钻孔采胶	阳刀割胶	扎孔或钻孔采胶	阳刀割胶
机器通信方式	远程通信	远程通信	远程通信	远程通信	远程通信
代表性装备图片					

智能传感器，突破了树皮厚度探测、采胶深度自主调控、耗皮量精准控制、采胶位置精准定位、装备在轨道上的行走与停车等关键技术，大幅降低了装备质量、轨道质量和成本，具备自动刮皮、涂抹乙烯利、加注氨水，自动集胶，采胶位置智能调节、识别与记忆，故障报警等功能。

移动式割胶机器人，是未来全自动割胶装备研发的方向，理论上其使用成本会比固定式全自动割胶机便宜，但产业收益能否最终支撑其使用仍是未知数。同时，也面临更多的技术难题，比如如何适应橡胶园复杂多变的地形地貌、对千差万别的橡胶树如何实现精准识别和割胶作业。面对艰难的挑战，科技工作者仍有很漫长的路要走。

（3）全自动采胶装备与采胶技术的研发，可参照传统割胶装备和技术、便携式割胶装备和技术与农艺结合的数据，如割胶深度和耗皮厚度均要达到毫米级控制、能切断老胶线、单株采胶时间以秒计、能实现高低割线和阴刀阳刀割胶、割线均匀平滑、胶乳清洁。但在农机农艺融合方面，仍需要继续开展深入研究，探索农机农艺相互融合的更优模式，这是天然橡胶产业生产的需要，也是发展趋势。

二、农艺农机融合模式下天然橡胶产业对采胶装备的需求

1. 采胶生理特殊性及技术需求　在天然橡胶生产中，树皮的乳管列数目与胶乳产量密切相关（郝秉中等，1984），树皮的次生乳管列数目与天然橡胶产量高度相关（卢世香等，2010）。橡胶树乳管细胞内膨压很大，压力数值高达 1～1.4MPa（Buttery et al.，1964），相当于 10～14 个标准大气压。橡胶树树皮较硬，结构从外到内依次是粗皮、砂皮外层、砂皮内层、黄皮和水囊皮 5 个层次，其中水囊皮的厚度小于 1mm（田维敏等，2015），橡胶树产生胶乳的乳管主要集中在黄皮，采胶作业时需要割破黄皮，但同时要求避免损伤水囊皮而造成伤树。橡胶树树皮较硬、割胶困难、割胶刀耗费大，推测与树皮中石细胞分布密集、石细胞壁木质化加厚有关（史敏晶等，2016）。采胶作业中，因产胶乳管接近木质部（产胶范围仅 3～4mm），割浅无胶、割深伤树。橡胶树是长周期作物，采胶时要求不能伤及母株形成层，根据不同割制要求，每刀次耗皮量在 1.1～1.8mm，要求采胶机械的切

割模块在采胶作业时能够实现毫米级精准控制。

2. 采胶工况复杂多变性及技术需求　橡胶园多分布在热带丘陵山区，地形差异大，且丘陵山区农业机械化发展滞后，农机化技术服务水平低。橡胶树树干生长不均匀，即使是同一个树干，树皮厚度也不均匀，采胶时易伤树。使用传统人力割胶工具，需要通过人工控制单次割胶的切割轨迹，割胶技术难度较大，且费时费力。单次割胶作业时，要求割胶深度均匀、割线顺直、下收刀整齐，这对割胶机械仿形设计提出了很高的要求。良好的仿形设计，能够降低割胶技术难度，不需要人工控制刀片单次的切割轨迹，减少对橡胶树树皮结构水囊皮的伤害，提高割胶质量。

3. 橡胶树收获物胶乳黏弹特性及技术需求　橡胶树收获物胶乳为液体，生理特性包括（胶乳中）蔗糖含量、硫醇含量、无机磷含量、镁离子含量等，生理参数与干胶产量、排胶初速度存在相关性（张晓飞等，2021）。胶乳的主要成分是聚异戊二烯，占 91%～94%（周省委等，2019），直接烘干的天然橡胶纯胶、硫化胶的物理性能包括：100%定伸应力为 0.8MPa、300%定伸应力为 2.0MPa、邵氏 A 型硬度为 45 度、拉伸强度为 23.0MPa、拉断永久变形为 17%、拉伸伸长率为 694%（周省委等，2019）。液态胶乳易粘连、易外流、易污染，割胶作业后留下的旧胶线弹性大，因此，割胶作业前需要手撕旧胶线，割胶作业时要求割出的树皮呈片状，不污染胶乳。设计割胶机械时，应尽量避免旧胶线缠刀，要求切割出的树皮避免产生碎屑。

4. 橡胶树生长差异性、割胶形式多样性及技术需求　不同橡胶品系、树龄、季候、割制条件下，橡胶树生长存在差异性，割胶深度、耗皮厚度的农艺要求也有差异（范丹等，2014）。橡胶树品系繁多，有 RRIM600、热研 7-33-97、热研 8-79、热研 88-13、PR107、热试品系等。不同品系产胶能力及生理特性有差异。胡欣欣等（2019）研究的热试 662、热试 419、热试 647、热试 9359、热试 451、RRIM600、PR107 等 7 个品系中，树皮的次生乳管列数目与树皮总厚度的比值呈正相关。橡胶树树龄会对新鲜胶乳组分、理化性能和橡胶制品性质产生一定的影响（范丹等，2014），树围和树皮也会随着年龄的增长而生长。橡胶树喜欢高温高湿的生长环境，但不耐寒，温度在5℃以下即受冻害，季节、物候会对胶乳的成分和性质产生很大的影响（范丹等，2014）。根据胶工割胶习惯和生产需要，橡胶树割胶形式多样，包括新开割线、水线，高低线割线，阴阳刀割胶，推割或拉割等（闫喜强等，2013）。生产中，要求割胶机械能够连续调节割胶深度、耗皮量，能够满足生产上的差异化需求，且具有广适性。

三、采胶装备未来技术发展趋势

（一）采胶装备未来发展趋势

1. 采胶方式向适合机械化采胶转变 当前，大多数机械化采胶装备都沿用人工1/2树围割胶方式。其中便携式电动割胶刀比较经济实惠，已在生产上规模化推广应用。而全自动采胶装备，由于要实现采胶三维螺旋曲线运动轨迹，机械结构已难以再简化，机器质量较大、制造与维护成本高，难以大面积推广应用。因此，突破传统割胶方式，农机农艺深度融合，探索适合天然橡胶机械化采胶的新方式、新技术，是破解天然橡胶产业当前采胶困境的关键。正如前面所述，针刺采胶方式可规避树干复杂作业工况对机械化采胶的影响，可有效简化机械结构、自动控制程序，并配合农艺高效、安全刺激技术，可获得理想产量，是未来全自动采胶装备值得深入研究的方向。又如自动排胶、钻孔采胶等方式，均是有别于传统割胶方式的大胆革新，对未来轻简化装备的研发设计，提供了良好思路。

2. 采胶装备向轻简化、经济型转变 天然橡胶作为一种期货交易的大宗农产品，主产地都在发展中国家，长期以来受世界特别是西方发达国家金融资本控制，价格持续低迷，比较效益不高。因此，产业难以支撑昂贵的采胶装备，特别是全自动采胶装备要求轻简化、低成本，在研发设计时不仅要考虑采胶的特殊生理要求，还要考虑装备的制造与维护成本，这是一个艰难的挑战。未来需要农机农艺深度融合，探索适合自动化采胶的最佳方式，为轻简化、低成本采胶装备的研发设计提供支撑。

3. 采胶装备向自动化、智能化发展 便携式电动采胶工具轻便、灵活，质优价廉，不受橡胶园作业工况环境影响，但需要人工辅助。随着社会经济和城市化发展，劳动力成本越来越高。未来要解决天然橡胶产业采胶问题，实现自动化、智能化采胶是必然趋势，这是时代的进步，也是产业可持续发展的必然选择；如今科技发展迅速，高精尖的设计手段和制造工艺，以及先进加工制造装备，信息与智能控制技术等使采胶自动化、智能化成为可能。

（二）采胶装备发展思路

（1）农机农艺有效融合，是农业节本、提质、增效的重要实现途径。农机农艺融合技术在小麦（刘绍贵等，2021）、玉米（盖志佳，2021）、高粱（张雅琼，2021）、大蒜（戴尔健，2021）、马铃薯（杨青山，2021）等生产机械化中得到了较好应用，为天然橡胶生产机械化农机农艺融合发展提供了共性技术路径参考，包括制定技术研发与技术推广方面的配套扶持政策、构建高水平高效率产学研平台、加强技术示范与宣传培训（王鸿山，2022；热比亚·吾甫尔，2021；梁建等，2014）等。天然橡胶生产机械化方面的农机研发应用较少，该方面的农机农艺融合技术研究仍需加强。

（2）由于橡胶树是长周期作物，在选种、定植、管理方面的农艺难以在短期内更新，采胶机械均是根据橡胶树采胶作业中的采胶农艺单向需求开展的，但在采胶机械研发与优化过程中，农机对农艺也有需求，仍需进一步研究。

（3）随着信息技术的发展，橡胶树采胶农艺技术也在不断改进，对采胶机械的需求也会改变和优化，采胶机械开始向信息化、智能化方向发展，急需研究攻克便携式电动采胶装备与固定式全自动采胶机（许振昆等，2022；吴米，2019）、移动式全自动采胶机（邓祥丰等，2021；肖苏伟等，2020）等天然橡胶收获装备的共性高效农机农艺融合技术。根据生产使用结果，仍需继续研发优化农机农艺融合的高效采胶技术与装备，助力天然橡胶产业高质量发展。

（4）现阶段仍需持续加强便携式采胶机械和一树一机固定式采胶机械的优化升级，提高机械装备的安全性与适用性，促进便携式和固定式采胶机械技术的高低搭配、农机农艺融合发展（闫喜强等，2013）。

（5）加强橡胶园采收机械的技术创新，研发与我国热带丘陵山区相适应的橡胶园采收机械装备，丰富产品类型，提高机械性能，降低技术难度，提高作业效率和质量。

（6）加强橡胶树树皮厚度智能探测与分析、采胶路径与轨迹智能规划、采胶环境监测等农业传感器和高端芯片的研发，及时准确获取机械化、智能化采收装备研发的基础农艺数据，为我国热带丘陵山区橡胶园高端智能化采收机械的研发提供数据支撑和技术支持。

（7）探索采用大数据、农业物联网、移动互联、人工智能等新一代信息技术，建立我国热带丘陵山区智慧橡胶园采胶服务系统，提升橡胶园生产管理智能化、精准化，助力产业技术全面升级。

（三）市场需求潜力

天然橡胶与石油、钢铁、煤炭并称为四大工业原料，在全球资源竞争中地位日益突出，尤其是高性能特种胶，在航空航天、轨道交通和海洋装备等方面的作用不可替代。世界上约有 2 000 种植物可生产类似天然橡胶的聚合物，已从其中 500 种中得到了不同种类的橡胶，但真正有实用价值的是巴西橡胶树。世界上所需的天然橡胶超过 98%来源于巴西橡胶树。现已布及亚洲、非洲、大洋洲、拉丁美洲 40 多个国家和地区，主要分布于 10°S—15°N。种植面积较大的国家有印度尼西亚、泰国、马来西亚、中国、印度、越南、尼日利亚、巴西、斯里兰卡、利比里亚等，其中，尤以东南亚各国栽培最广，产胶最多。马来西亚、印度尼西亚、泰国、中国、越南、斯里兰卡和印度等国的植胶面积和产胶量占世界的 90%以上。我国橡胶主产区为海南、云南、广东，面积约 115.24 万 hm^2，国外植胶面积约 1 474 万 hm^2。理论上，固定式（一树一机）智能采胶机国内市场潜力 3 亿台、国外 30 亿台；移动式（一机多树）智能采胶机国内市场潜力 60 万台、国外 600 万台。巨大的市场潜力空间，为装备的研发提供了原动力，也为装备的市场化推广奠定了坚实的基础。

第三节　采胶装备研发应用展望

一、认识观念方面

面对当前胶价持续低迷、产业需求急迫、胶工严重短缺常态化的现状，首先，要改变现有采胶体制及采胶技术标准要求，正如一些专家呼吁的集中“两优期”采胶（在橡胶树旺产年龄段、每年高产季节采胶），人为缩短橡胶树经济周期，减少低效、高成本的投入；其次，要利用特殊的采胶工具，增加树干采胶高度和原生皮割面，减少甚至不割再生皮，在当前橡胶树树皮厚度千差万别、技术无法完美解决伤树问题的情况下，不要让伤树成为采胶机械研究与应用的“拦路虎”；再次，在改变采胶体制与标准的前提下，将采胶高效率、轻简化、获得较为合理产量（而不是最高产量）作为采胶机械技术与实践应用突破的重点，大幅降低劳动强度、采胶技术难度，大幅提升胶工单位采胶面积，从而有效降低采胶成本、增加胶工收入。

二、科研层面

（1）从农机农艺深度融合入手，找到实现自动化、智能化采胶的最佳方式，让装备真正实现轻简化，从而大幅降低生产成本。

（2）攻克机械采胶关键技术难题，包括复杂树干的科学仿形、采胶深度和耗皮量毫米级精准控制、采胶位置的精准定位与识别、信息感知等，大幅提升采胶效果，减少伤树，提升产量。

（3）解决加工制造工艺方面的问题，提升装备的可靠性和耐用性，包括材料的选用，加工制造与安装配合精度，结构的最优化，非标件制造工艺简化等。

（4）实行分步走战略，即先实现人力辅助下机械采胶——电动割胶刀的应用，解决采胶机械“有无”的问题，再逐步攻克全自动、智能化采胶技术，最终实现采胶装备从有到全、从全到好。

三、政府层面

（1）设立攻关专项，在自动化、智能化采胶装备领域，大力推进天然橡胶采胶机械化的研发与推广应用，倾斜扶持在该领域潜心研究的优秀专业团队，以尽早突破关键技术与经济成本难题。

（2）制订（修订）现行割胶技术规程，以适应机械采胶的要求。制订采胶装备生产制造行业标准，进一步规范产品质量，提升其质量安全水平，减少假冒伪劣产品对胶农利益的损害。

（3）对成熟的采胶装备购置与作业实行直补，加快其推广应用力度，增加橡胶园复采面积，提升整体产能。

四、产业层面

（1）农艺适当让步。机械化采胶无法完全达到人工采胶的高标准要求，生产上对采胶效果要适当让步，才能有利于机械化采胶的推广应用。

（2）充分利用天然橡胶协会、国有农场、产业体系，积极推广使用新的采胶工具，引领产业科技进步和采胶工具的变革，带动民营橡胶园科技进步。

（3）改变现有一人多岗、一人多能导致胶工劳动强度大的生产管理模式，大胆创新思路，探讨和研究专业化技术服务队伍生产管理与社会化服务模式，一人一岗、一人一专，提升胶工专业化水平和工作效率，并给予专业作业团队适当补贴。

（4）减少非生产管理人员，让橡胶园收益向一线人员倾斜，吸引更多的人投入产业中。

五、胶工层面

（1）正确认识采胶机械，分清主要、次要采胶指标要求，转变观念，勇于变革已使用几十年的采胶工具。

（2）积极学习先进采胶装备使用技术，把自己从手工劳动者转变为技术管理者。

六、技术推广层面

积极拓展国内国际两个市场，面对当前以国内大循环为主体、国内国际双循环相互促进的新发展格局，抓住农业现代化给农机装备带来的市场机遇，加快推进以电动割胶刀为代表的机械化、智能化采胶装备“走出去”，辐射带动植胶国家产业发展，深化与“一带一路”国家的技术交流合作，扩大我国农业与工业现代化的国际影响力。

本章小结

劳动力短缺，已成为产业发展的重要制约因素，解决采胶自动化是产业发展的必然趋势。国家也高度重视，出台了一系列支持政策。经过多年的研究，在全自动采胶装备领域，虽然打通了技术路线，试制了中试装备、样机，但在装备广适性、采胶效果、产量提升及降低成本方面还需大力改进。尽管如此，也已极大地推动了行业科技进步，为实现自动化、智能化采胶提供了诸多有益的参考。

未来，全自动采胶装备研发向着农艺农机深度融合、轻简化、经济型、自动化、智能化发展。改变观念，将采胶高效率、轻简化、获得较为合理产量（而不是最高产量）作为采胶机械研发与实践应用突破的重点，以大幅降低劳动强度、采胶技术难度，大幅提升采胶效率为目标，实现产业节本增效，是破解当前产业困境的有效途径。

参 考 文 献

安果夫，顾之翰，1996. 天然胶乳的重新评价［J］. 热带作物译丛（2）：9.

曹建华，张以山，王玲玲，等，2020. 天然橡胶便携式采胶机械研究［J］. 中国农机化学报，41（8）：20-27.

戴尔健，2021. 大蒜机械化播种农机农艺融合技术推广应用探析［J］. 江苏农机化（4）：20-22.

邓祥丰，肖苏伟，曹建华，等，2021. 基于软轨行走的全自动采胶机设计与实现［J］. 中国农机化学报，42（12）：17-23.

邓怡国，张园，王业勤，等，2019. 一种具有双刀刃结构的割胶设备：CN208572870U［P］. 2019-03-05.

范丹，2014. 树龄和乙烯利刺激对天然橡胶性能影响的研究［D］. 海口：海南大学.

盖志佳，2021. 黑龙江省玉米秸秆还田存在问题及农机农艺融合技术［J］. 现代化农业（12）：15-16.

高锋，孙江宏，何宇凡，等，2022. 基于 RPP 串联机构的固定式割胶机设计与仿真分析［J］. 制造技术与机床（4）：26-31.

高可可，孙江宏，高锋，等，2021. 固定式割胶机器人割胶误差分析与精度控制［J］. 农业工程学报，37（2）：44-50.

顾学斌，王磊，马振赢，等，2011. 抗菌防霉技术手册［M］. 北京：化学工业出版社.

郝秉中，吴继林，云翠英，1984. 排胶对橡胶乳管分化的促进作用［J］. 热带作物学报，5（2）：19-23.

胡欣欣，李维国，王祥军，等，2019. 7 个橡胶树品系树皮结构与农艺性状相关性研究［J］. 中南林业科技大学学报，39（4）：32-38，46.

黄敞，袁晓军，张以山，等，2017. 自动排胶装置：CN206547511U［P］. 2017-10-13.

吉斯贝格，魏美庆，1966. 用甲醛水防止胶乳早凝和胶片内形成气泡［J］. 世界热带农业信息（1）：40.

姜松，2014. 西部农业现代化演进过程及机理研究［D］. 重庆：西南大学.

焦健，朱瑞明，孙江宏，2020. 一种智能化割胶试验台设计与实现［J］. 北京信息科技大学学报（自然科学版），35（5）：76-80.

拉姆拉，罗俊波，1977. 二硫化四甲基秋兰姆/氧化锌复合保存剂的商业应用

[J]. 世界热带农业信息（3）：7.

梁建，陈聪，曹光乔，2014. 农机农艺融合理论方法与实现途径研究［J］. 中国农机化学报，35（3）：1-3，7.

林文光，古和平，余红，1984. 对国外推荐的若干复合保存剂保存效果的验证［J］. 云南热作科技（1）：21-26.

刘绍贵，邵在胜，苏伟，等，2021. 小麦生产农机农艺融合技术推广对策研究［J］. 江苏农机化（6）：11-12.

卢世香，马瑞丰，陈月异，等，2010. 巴西橡胶树树皮结构特征与胶乳产量的相关性［J］. 热带作物学报，31（8）：1335-1339.

罗庆生，刘杨，李凯林，2020. 基于ADAMS的便携式自动割胶机器人的仿真分析［J］. 计算机测量与控制，28（8）：198-202，210.

罗庆生，许仕杰，李凯林，2020. 便携式自动割胶机器人结构设计与静力学分析［J］. 计算机测量与控制，28（11）：201-205.

宁彤，梁栋，张燕，等，2022. 固定复合运动轨道式割胶机的设计与试验研究［J］. 西南大学学报（自然科学版），44（4）：100-109.

颇之翰，1964. 防止胶乳在田间凝固的措施田［J］. 世界热带农业信息（3）：29-31.

邱继红，孙原博，刘航，等，2021. 一种智能割胶机器人及割胶方法：CN112847381A［P］. 2021-06-28.

热比亚·吾甫尔，2021. 实现农机农艺融合的策略研究［J］. 农机使用与维修（8）：153-154.

汝绍锋，李梓豪，梁栋，等，2018. 天然橡胶树割胶技术的研究及进展［J］. 中国农机化学报，39（2）：27-31.

汝绍锋，李梓豪，梁栋，等，2019. 基于Pro/Mechanica的轨道式割胶机设计及分析［J］. 制造业自动化，41（1）：48-52.

史敏晶，邓顺楠，陈月异，等，2013. 巴西橡胶树胶乳黄色体中多酚氧化酶的活性及其橡胶粒子凝集作用的研究［J］. 热带作物学报，34（10）：1967-1971.

史敏晶，李言，王冬冬，等，2016. 巴西橡胶树树皮厚壁组织结构和发育研究［J］. 热带作物学报，37（2）：311-316.

孙铭远，2014. 农机农艺结合问题研究［J］. 农业与技术，34（2）：48.

田维敏，史敏晶，谭海燕，等，2015. 橡胶树树皮结构与发育［M］. 北京：科学出版社.

万吉耳斯，魏美庆，1966. 用甲醛水保存胶乳［J］. 热带作物译丛（1）：41.

汪雄伟，耿贵胜，李福成，等，2020. 固定式全自动智能控制橡胶割胶机设计［J］. 农业工程，10（7）：79-84.

王鸿山，2022. 农机农艺融合技术在秸秆还田中的应用［J］. 南方农机，53

(4): 66-68.

王玲玲，郑勇，黄敞，等，2021. 4GXJ 系列便携式电动割胶装备与技术应用[J]. 中国热带农业 (6): 18-21, 62.

王学雷，2018. 一种基于混联机构的割胶机器人运动控制技术研究 [D]. 北京：中国农业大学 .

吴风国，李卫平，马树新，等，2021. 梨园生产全程机械化农机农艺融合探析[J]. 河北农机 (10): 32-33.

吴米，2019. 全自动橡胶割胶机研制与关键技术研究 [D]. 湛江：广东海洋大学.

肖苏伟，张以山，曹建华，等，2020. 天然橡胶全自动采胶系统技术理论研究[J]. 中国农机化学报，41 (9): 143-148.

谢宇，2010. 壳聚糖及其衍生物的制备与应用 [M]. 北京：中国水利水电出版社.

许振昆，王建勇，张兴明，2022. 一种割胶机：CN215683880U [P]. 2022-02-01.

许振昆，吴纪营，张兴明，2016. 一种割胶机：CN204907382U [P]. 2016-12-30.

许振昆，吴纪营，张兴明，2018. 一种割胶机：CN207355104U [P]. 2018-06-15.

许振昆，吴纪营，张兴明，2020. 一种割胶机：CN210610542U [P]. 2020-06-26.

杨青山，2021. 马铃薯种植农机农艺融合生产技术应用研究 [J]. 河北农机(10): 14-15.

于永德，2005. 科技组织制度与农业技术进步研究 [D]. 泰安：山东农业大学 .

袁灵龙，2015. 高效电动胶刀：CN204560456U [P]. 2015-08-19.

约翰，罗俊波，1977. 某些胶乳抗凝剂和保存剂的研究 [J]. 热带作物译丛(2): 22-24.

湛小梅，曹中华，周玉华，等，2018. 丘陵山区农机与农艺融合问题研究 [J]. 中国农机化学报，39 (8): 112-114.

张才发，尤承霖，1976. 鲜胶乳的新保存剂田 [J]. 世界热带农业信息 (3): 28-29.

张春龙，李德程，张顺路，等，2019. 基于激光测距的三坐标联动割胶装置设计与试验 [J]. 农业机械学报，50 (3): 121-127.

张春龙，盛希宇，张顺路，等，2018. 天然橡胶机械化采收锯切功耗影响因素试验 [J]. 农业工程学报，34 (17): 32-37.

张俊雄，翟毅豪，周航，等，2021. 一种割胶机器人的力反馈控制系统和方法以及割胶机器人：CN112936237A［P］. 2021-07-11.

张喜瑞，曹超，邢洁吉，等，2021. 一种异向曲柄自动夹紧定心割胶机：CN113016561A［P］. 2021-07-25.

张喜瑞，曹超，张丽娜，等，2022. 仿形进阶式天然橡胶自动割胶机设计与试验［J］. 农业机械学报，53（4）：99-108.

张晓飞，黄肖，左如斌，等，2021. 3 个橡胶树引进品种的胶乳生理特性研究［J］. 热带作物学报，42（10）：2869-2874.

张新平，宋秀安，李瑶，等，2013. 氨水腐蚀铝、铁、铜的化学原理初探［J］. 化学教育，34（1）：77-79.

张雅琼，2021. 基于农机农艺融合的山西省高粱全程机械化发展与展望［J］. 农业技术与装备（12）：72-73.

赵乃澳，汝绍锋，梁栋，等，2018. 可独立操作半自动轨道式割胶机设计与分析［J］. 西南大学学报（自然科学版），40（8）：48-55.

郑勇，张世亮，吴米，等，2019. 一种电动割胶机：CN109275544A［P］. 2019-01-29.

郑勇，张以山，曹建华，等，2017. 4GXJ-I 型电动胶刀采胶对割胶和产胶特性影响的研究［J］. 热带作物学报，38（9）：1725-1735.

周航，张顺路，翟毅豪，等，2020. 天然橡胶割胶机器人视觉伺服控制方法与割胶试验［J］. 智慧农业（中英文），2（4）：57-64.

周省委，2019. 不同干燥方式对天然橡胶性能的影响［J］. 化学工程与装备（7）：7-9.

朱盼云，2017. 天然胶乳鲜胶乳新型无氨保存剂的研究［D］. 太原：中北大学.

朱智强，蒋菊生，刘志崴，等，2010. 橡胶树木质部注射乙烯利增产刺激方法初探［J］. 热带农业科学，30（11）：1-4.

ANEKACHAI C，魏小弟，1986. 适于 GT1 成龄幼树的采胶制度［J］. 热带作物译丛（1）：14-19.

ABHILASH K S，BABU V V S，RAHMAN A N，et al.，2021. Investigative study on the feasibility of simultaneous movement along multiple axes for helical cut using RTM，December 06-07，2019［C］. Sathyamangalam：Web of Science.

ARJUN R N，SOUMYA S J，VISHNU R S，et al.，2022. Semi automatic rubber tree tapping machine，December 18-20，2016［C］. Amrita Univ：Web of Science.

AWARA Y A I，BRITO W H C，PERERA M S S，et al.，2019. "Appuhamy" - the fully automatic rubber tapping machine［J］. Engineer，LII（2）：27-33.

BANGHAM W N，1947. Plantation rubber in the new world［J］. Economic

Botany, 1 (2): 210-229.

BHATT J R, NAIR M N B, MOHAN R H Y, 1989. Enhancement of oleo-gum resin production in commiphora wightii by improved trapping technique [J]. Current Science, 58 (7): 349-357.

BRIAN T, 2003. Encyclopedia of applied plant sciences [M]. Amsterdam: Elsevicr.

BUTTERY B R, BOATMAN S G, 1964. Turgor pressure in phloem: measurements in Hevea latex cells [J]. Science, 145: 285-286.

CHANTUMA P, LACOTE R, LECONTE A, et al., 2011. An innovative tapping system, the double cut alternative, to improve the yield of Hevea brasiliensis in Thai rubber plantations [J]. Field Crops Research, 121 (3): 416-422.

CHEONG F, 1974. A new conservant of fresh latex [J]. Journal of the R. P. LM, 24 (2): 1-3.

ERNEST P I, 1978. Hevea Rubber—past and future [J]. Economic Botany, 32: 264-277.

GEORGES P J, JACOB K C, 2000. Natural rubber agromanagement and crop processing. Rubber Research Institute of India [M]. Kerala (India) RRII: Kottayam.

GHAO Y, FHOU I M, CHCN Y Y, et al., 2011. MYC genes with differential responses to tapping, mechanical wounding, ethrcl and methyl jasmonate in laticifers of rubber tree (Hcvca brasilicnsis Mucll. Arg.) [J]. Journal of Plant Physiology, 168 (14): 1649-1658.

GIROH D Y, ADEBAYO E F, 2009. Analysis of the technical Inefficiency of rubber tapping in rubber research institute of Nigeria, Benin City, Nigeria [J]. Journal of Human Ecology, 27 (3): 171-174.

HASSAN A D, Davies R, 2003. The effects of age, sex and tenure on the job performance of rubber tappers [J]. Journal of Occupational and Organizational Psychology, 76: 381-391.

JIEREN C, KUANQI C, BOYI L, et al., 2022. Design and test of the intelligent rubber tapping technology evaluation equipment based on cloud model, June 16-18, 2017 [C]. Nanjing: Web of Science.

KARL B, AMIR Y, MANROSHAN S, 2011. Natural rubber latex preservation [P/OL]. 2011-08-02 [2022-08-18]. http: //www.google.co.in/patents/USA7989546.

LI S, JIE Z, JIAN Z, et al., 2022. Study on the secant segmentation algorithm of rubber tree, February 23-25, 2018 [C]. Hong Kong: Web of Science.

MEKSAWI S, TANGTRAKULWANICH B, CHONGSUVIVATWONG V,

2012. Musculoskeletal problems and ergonomic risk assessment in rubber tappers: a community-based study in southern Thailand [J]. International Journal of Industrial Ergonomics, 42 (1): 129-135.

MICHELS T, ESCHBACH J M, LACOTE R, et al., 2012. Tapping panel diagnosis, an innovative on-farm decision support system for rubber tree tapping [J]. Agronomy for Sustainable Development, 32 (3): 791-801.

RHINE C E, 1958. Technical developments in natural rubber production [J]. Economic Botany, 12 (1): 80-86.

SIMON S, 2022. Autonomous navigation in rubber plantations, February 9-11, 2010 [C]. Bangalore: IEEE Xplore.

SOUMYA S J, VISHNU R S, ARJUN R N, et al., 2022. Design and testing of a semi automatic rubber tree tapping machine (SART), December 21-23, 2016 [C]. Dayalbagh: Web of Science.

SURAPICH L, KONGKAEW C, CHAIKUMPOLLERT O, et al., 2012. Study of chitosan and its derivatives as preservatives for field natural rubber latex [J]. Journal of Applied Polymer Science, 123 (2): 913-921.

SUZUKI Y, KAMO S, UNO M, 1994. Study on machining by the use of ultrasonic screw vibration (5th report) -ultrasonic vibration tapping for natural rubber [J]. Journal of the Japan Society for Precision Engineering, 60 (1): 148-152.

WANG T, GUI H X, ZHANG W F, et al., 2015. Novel non-ammonia preservative for concentrated natural rubber latex [J]. Journal of Applied Polymer Science, 132 (15): 4763-4768.

ZHANG C, YONG L, CHEN Y, et al., 2019. A rubber-tapping robot forest navigation and information collection system based on 2D LiDAR and a gyroscope [J]. Sensors, 19 (9): 1-21.

ZHANG C, SHENG X, ZHANG S, et al., 2022. Design and experiment of portable electric tapping machine, July 28-29, 2018 [C]. Michigan: Web of Science.

图书在版编目（CIP）数据

天然橡胶全自动采胶装备研究与应用 / 曹建华等编著．—北京：中国农业出版社，2023.4
（天然橡胶采胶技术与装备研究丛书）
ISBN 978-7-109-30662-2

Ⅰ．①天…　Ⅱ．①曹…　Ⅲ．①橡胶树—割胶—自动装置—研究　Ⅳ．①S794.1

中国国家版本馆 CIP 数据核字（2023）第 073036 号

TIANRAN XIANGJIAO QUANZIDONG CAIJIAO ZHUANGBEI YANJIU YU YINGYONG

中国农业出版社出版
地址：北京市朝阳区麦子店街 18 号楼
邮编：100125
责任编辑：李　瑜　黄　宇　　文字编辑：赵星华
版式设计：王　晨　　责任校对：吴丽婷
印刷：中农印务有限公司
版次：2023 年 4 月第 1 版
印次：2023 年 4 月北京第 1 次印刷
发行：新华书店北京发行所
开本：880mm×1230mm　1/32
印张：6.75
字数：200 千字
定价：65.00 元
